BusinessVillage

Britta Albegger
Geza Horvat

SCHWEBEDIALOGE

Kommunizieren jenseits von Konsens und Lösung

BusinessVillage

Britta Albegger, Geza Horvat
Schwebedialoge
Kommunizieren jenseits von Konsens und Lösung
1. Auflage 2024

Bestellnummern
ISBN 978-3-86980-759-1 (Druckausgabe)
ISBN 978-3-86980-760-7 (E-Book, PDF)
ISBN 978-3-86980-761-4 (E-Book, epub)

Direktbezug: www.BusinessVillage.de; PB-1187

Bezugs- und Verlagsanschrift
BusinessVillage GmbH
Reinhäuser Landstraße 22
37083 Göttingen
Telefon: +49 (0)5 51 20 99-1 00
E-Mail: info@businessvillage.de
Web: www.businessvillage.de

Umschlaggestaltung | Britta Albegger

Autorenfoto | Manfred Bibiza

Abbildungen im Buch | Britta Albegger, Geza Horvat, Yara Albegger, Hannah Treu (Seite 124) et al.

Layout und Satz | Britta Albegger, Geza Horvat, Sabine Kempke

Druck und Bindung | www.booksfactory.de

Inhalt

Hinweis

Schwebedialog® ist eine eingetragene Marke. Im Text wird auf den wiederholten Hinweis auf die Markenrechte verzichtet.

Ein persönliches Herzensanliegen ist uns *kompromisslose Inklusivität.* Sie ist für uns mehr als nur ein Leitgedanke. Sie ist vielmehr das Fundament, das die Schwebedialoge trägt und prägt. Es ist so: Wer nicht genannt wird, taucht auch nicht in unseren Köpfen auf! Wenn wir in unserem Buch also von jemandem reden, meinen wir immer alle – cis, inter, trans und nicht binäre Personen genauso wie alle anderen, die möglicherweise nicht in diesen Begriffen erfasst sind. Wir bemühen uns, im gesamten Text auf einen inklusiven Sprachgebrauch zu achten, und verwenden dafür das Gendersternchen. Falls dir trotzdem Stellen auffallen, die dem nicht gerecht werden, bitten wir dich um Verständnis und Nachsicht.

Über die Autoren

Britta Albegger und Geza Horvat sind die Erfinder der Schwebedialoge.

Das Duo hinter dem neuen Format bringt einen bunt gemischten Erfahrungsschatz mit. Beide eint die gemeinsame Beobachtung, dass das Festhalten an Ideen, die Suche nach Lösungen und der Wunsch, einer Meinung zu sein, uns oft mehr bremsen als voranbringen.

Aus dem Bedürfnis heraus, auch anders kommunizieren zu können – bewusst ohne die gemeinsame Suche nach Lösung und Konsens –, haben sie 2018 die Schwebedialoge ins Leben gerufen und tragen ihre einzigartige Kommunikationsmethode seither mit viel Liebe und Engagement in die Welt.

Britta Albegger (*1975) vereint in ihrer Laufbahn künstlerische Kreativität mit systemischem Denken. Nach ihrem Abschluss an der Universität der bildenden Künste in Wien und Weiterbildungen für multimediale Kunsttherapie sowie systemische Organisationsentwicklung arbeitete sie viele Jahre lang in international beachteten Innovations- und Veränderungsprojekten. Ihrer Begeisterung für das Aufbrechen eingefahrener Denkmuster entsprang schließlich die Idee für ein außergewöhnliches Kommunikationsformat: den Schwebedialog. Seither widmet sie sich voll und ganz der Aufgabe, Menschen in unterschiedlichen Kontexten mit dem tiefgreifenden Paradigmenwechsel dieser Methode vertraut zu machen.

Geza Horvat (*1974) führte seine Leidenschaft, die Grenzen des Denkens und das Wesen der Dinge zu erforschen, zunächst vom Studium der Wirtschaftsinformatik über die Regie von Kino- und Fernsehfilmen bis hin zur Tätigkeit als IT-Experte im Non-Profit-Bereich. Diese vielfältigen Lebenserfahrungen bildeten schließlich den Nährboden für sein Lebenswerk, den Schwebedialog, der aus seinem unermüdlichen Drang entstand, die Tiefen des Denkens und Fühlens auszuloten. Er hat es sich zur Aufgabe gemacht, die Kombination von spiritueller Weisheit mit einem pragmatischen Kommunikationsformat in zahlreichen Workshops und Vorträgen einem breiten Publikum vorzustellen.

Kontakt
office@schwebedialog.com
www.schwebedialog.com

Prolog

Wie jedes Abenteuer beginnt auch dieses im Kopf.

Film ab!

»Ich denke, also bin ich.«
René Descartes

Gleich vorweg: Wir lieben Filme!

Wir stehen auf Geschichten, Inszenierungen und Dramen. Wir verfallen jeder Romanze, sind fasziniert von Abenteuern und lachen uns tot über die absurdesten Komödien.

Und natürlich wollen auch wir eine Geschichte erzählen. Was könnten wir sonst tun, um mit dir in Kontakt zu treten?

Bevor wir aber einseitig mit einem Monolog über die vielseitige Welt der Schwebedialoge loslegen, laden wir dich dazu ein, mit uns gemeinsam ein fiktives Drehbuch zu entwerfen. Es soll sich aus einem Potpourri üblicher Gedanken zusammensetzen, wie sie jedem von uns so durch den Kopf gehen.

Alles, was wir dafür brauchen, ist ein Set-up einfacher Zutaten, aus denen sich jede beliebige ernste, heitere, tragische oder auch komische Handlung entwickeln lässt. Wir starten damit:

- **Selbstbilder**
- **Vorsätze**
- **Ratschläge**
- **Weisheiten**
- **Urteile**

Zu jedem dieser Elemente listen wir dir ein paar Beispiele als Vorschläge auf. Kreuze an, was dir gefällt. Denke dabei einfach an dich selbst. Welche Bilder und Vorstellungen könnten passen? Welche Vorsätze liegen dir besonders am Herzen? Gibt es Weisheiten und Ratschläge, die du gerne mit anderen teilst? Lass dir Zeit und kreuze so viele Punkte an, wie du möchtest. Deine Auswahl können wir später als Vorlage für die tragenden Rollen in unserer Erzählung verwenden.

Wir beginnen mit den **Selbstbildern**:

- ○ Ich bin offen und kommunikativ.
- ○ Ich bin manchmal zu schüchtern.
- ○ Ich bin ein fröhlicher Grundtyp und lache gern.
- ○ Ich bin ein Familienmensch.
- ○ Ich bin chaotisch.
- ○ Ich bin rational, eher ein Kopfmensch.
- ○ Ich habe einen ausgeprägten Sinn für Humor.
- ○ Ich bin kritisch und lasse mir nichts einreden.
- ○ Ich bin tolerant gegenüber Andersdenkenden.
- ○ Ich habe eine gute Menschenkenntnis.
- ○ Ich ärgere mich über Ignoranz und Dummheit.
- ○ Ich arbeite hart an mir, um besser zu werden.
- ○ Ich bin sportlich und achte auf meine Gesundheit.
- ○ Ich bin zufrieden mit meinem Aussehen, außer [...].
- ○ Ich bin skeptisch und nur schwer zu überzeugen.
- ○ Ich bin sensibel und feinfühlig.
- ○ Ich bin fokussiert und zielstrebig.
- ○ Ich bin sicherheitsbewusst.
- ○ Ich bin spontan und experimentierfreudig.
- ○ Ich suche das Abenteuer.
- ○ Ich bin kreativ.
- ○ Ich bin mutig und will meine Grenzen austesten.
- ○ Ich bin manchmal zu ungeduldig.
- ○ Ich laufe nicht jedem Trend hinterher.
- ○ Ich sage, was ich denke, und lasse mir nicht das Wort verbieten.
- ○ Ich glaube an das Gute im Menschen.
- ○ Ich kann nur schwer nein sagen.
- ○ Ich bin zuverlässig und halte mich an Vereinbarungen.
- ○ Ich bin intuitiv und höre auf mein Bauchgefühl.
- ○ Ich lasse mich nicht manipulieren.
- ○ Ich habe keine Angst vor der Wahrheit.
- ○ Ich vertraue auf Fakten und ignoriere Fake-News.

- ○ Ich stehe mit beiden Beinen fest auf dem Boden.
- ○ Ich bin emotional und gefühlsbetont.
- ○ Ich bin ein Genussmensch.
- ○ Ich bin ein Arbeitstier.
- ○ Ich bin ein zäher Hund, ausdauernd und leistungsfähig.
- ○ Ich habe hohe Ansprüche und bin nicht leicht zufriedenzustellen.
- ○ Ich bin engagiert und übernehme gerne Verantwortung.
- ○ Ich bin voller Tatendrang und suche neue Herausforderungen.
- ○ Ich will die Welt zu einem besseren Ort machen.
- ○ Ich trete für meine Werte ein.
- ○ Ich lasse mir nichts gefallen.
- ○ Ich bin privilegiert und fühle mich unterstützt.
- ○ Mir wurde nichts geschenkt im Leben.
- ○ Ich bin zufrieden mit dem, was ich habe.
- ○ Ich will etwas erreichen im Leben.
- ○ Ich habe zu wenig Zeit für zu viele Projekte.
- ○ Ich habe alles erreicht, bin aber trotzdem nicht zufrieden.
- ○ Ich finde beruflichen Erfolg nicht so wichtig.
- ○ Ich will, dass es allen Menschen gut geht.
- ○ Ich liebe die Freiheit.
- ○ Ich bin ein Naturkind.
- ○ Ich mache mir kein Bild über mich selbst.

Hast du dich in dem einen oder anderen Aspekt wiedergefunden? Nein? Dann schnapp dir Papier und Stift und schreibe deine ganz persönliche Selbstbilderliste!

Wenn du eine gute Handvoll Selbstzuschreibungen ausgewählt oder notiert hast, verwendest du sie am besten gleich als Grundlage für den nächsten Schritt. Für die Geschichte, die wir hier erzählen wollen, brauchen wir nämlich eine zentrale Figur, um die sich alles drehen wird. Deine Selbstbilder nehmen wir, um damit den Charakter unserer Hauptfigur zu beschreiben.

Für eine gute Story brauchen wir allerdings noch mehr als eine durchdachte Hauptrolle: einen roten Faden, der dafür sorgt, dass wir uns auf ein konkretes Ziel ausrichten. Dafür nutzen wir ein weiteres Element, das besonders beliebt ist, um uns bei unseren täglichen Handlungen zu leiten: Vorsätze! Kreuze im Folgenden an, was du dir vornehmen möchtest.

Vorsätze:

- ○ Ich werde mich gesünder ernähren!
- ○ Ich werde weniger Kaffee oder Alkohol trinken!
- ○ Ich werde weniger Fleisch und mehr Gemüse essen!
- ○ Ich werde auf mehr Bewegung achten!
- ○ Ich werde abnehmen!
- ○ Ich werde keine Lebensmittel mehr wegwerfen!
- ○ Ich werde mehr Zeit für Familie und Freunde haben!
- ○ Ich werde mir mehr Zeit für mich selbst nehmen!
- ○ Ich werde Stress abbauen!
- ○ Ich werde mehr lesen!
- ○ Ich werde weniger Geld ausgeben!
- ○ Ich werde bewusster leben!
- ○ Ich werde aufhören zu rauchen!
- ○ Ich werde mir nichts vornehmen, das ich nicht einhalte.
- ○ Ich werde prinzipiell keine Vorsätze mehr fassen.

Wenn du für dich passendere Vorsätze im Sinn hast, kannst du die Liste gerne ergänzen.

Die Liste deiner Vorsätze bildet nun ab, was das Ziel der Geschichte sein wird. Neben dem Protagonisten und dem roten Faden braucht unsere Geschichte selbstverständlich auch geeignete Nebenrollen, die die Stärken und Schwächen der Hauptfigur spiegeln, verstärken oder abfedern. Sie haben natürlich, passend zu jeder Situation, immer den geeigneten Ratschlag zur Hand! Kreuze an, welchen Rat du unserer Hauptfigur mitgeben könntest.

Unsere **Lieblingsratschläge**:

- Carpe diem – Nutze den Tag!
- Man muss immer offen bleiben für neue Ideen.
- Zuerst denken, dann reden.
- Träume nicht dein Leben, sondern lebe deinen Traum.
- Man muss wissen, wann es am besten ist, aufzuhören.
- Gib niemals auf!
- Entdecke das Gute im Schlechten.
- Nutze dein Potenzial.
- Tu, was du liebst.
- Hör niemals auf, dich weiterzuentwickeln.
- Pfeif drauf, was andere über dich denken.
- Glaub an dich!
- Genieße den Augenblick!
- Lerne, dich zu lieben!
- Werde, wer du bist!

… und gerne auch noch ein paar **Weisheiten**:

- Aller Anfang ist schwer.
- Qualität vor Quantität.
- Aus nichts wird nichts.
- Der Klügere gibt nach.
- Den Geduldigen gehört die Welt.
- Ehrlich währt am längsten.
- Hochmut kommt vor dem Fall.
- In der Ruhe liegt die Kraft.
- Je höher du steigst, desto tiefer du fällst.
- Lügen haben kurze Beine.
- Ohne Fleiß kein Preis.
- Den Letzten beißen die Hunde.

Was immer dir noch einfällt, das du unserer Hauptfigur mit auf den Weg geben möchtest, schreibe es auf!

Um unserer Geschichte aber noch die richtige Würze zu verleihen, brauchen wir Spannung! Die entsteht immer, wenn Widersprüche auftauchen oder Disharmonien. Unsere Hauptfigur soll schließlich Hindernisse überwinden und daran wachsen! Dafür brauchen wir ein imposantes Gegenüber, das ihr das Leben mit möglichst unangenehmen Eigenschaften zur Hölle macht. Für den nötigen Biss und die richtige Schärfe empfehlen wir das letzte Element: Urteile!

Urteile:

- ○ Du bist aggressiv.
- ○ Du bist überheblich.
- ○ Du denkst zu viel.
- ○ Du redest zu viel.
- ○ Du bist zu vorsichtig.
- ○ Du bist intolerant.
- ○ Du lässt dich manipulieren.
- ○ Du bist zu leichtgläubig.
- ○ Du bist unehrlich.
- ○ Du bist faul und antriebslos.
- ○ Du bist immer getrieben und kannst nie Ruhe geben.
- ○ Das machst du ja nur, damit du gut dastehst vor den anderen.
- ○ Du fühlst dich immer nur als Opfer der Umstände.
- ○ Für dich sind immer nur die anderen schuld.
- ○ Du willst nicht die Verantwortung für dein Tun übernehmen.
- ○ Die machen das nur, um Aufmerksamkeit zu bekommen.
- ○ Die machen das nur, weil das gerade in Mode ist.
- ○ Die können nicht selbstständig denken und lassen sich jeden Blödsinn einreden.
- ○ Das Leben ist schwer.
- ○ Die Welt ist ungerecht.
- ○ Die Menschheit liegt im Argen.

- Es gibt zu viel Leid auf der Erde.
- Früher war alles besser.
- Die Mehrheit erkennt die Wahrheit nicht.
- Die meisten Menschen sind einfach zu dumm.

Hast du noch weitere Urteile auf Lager? Nur zu, schreib sie auf! Denn du ahnst es sicher schon: All diese Listen sind unendlich erweiterbar!

Das Drehbuchfragment, das wir hier gemeinsam entworfen haben, ist vielleicht noch wie ein verschwommenes Bild in deinem Kopf und in Bezug auf die Handlung völlig unorganisiert, aber die wichtigsten, universellen Zutaten einer jeden Erzählung sind bereits vorhanden!

Von unserer Seite aus brauchen wir den Plot nun aber nicht weiterzuentwickeln, denn die Inhalte, die du angekreuzt hast, spielen für das, worum es in diesem Buch gehen soll, gar keine Rolle. Uns interessieren lediglich die Elemente, die fast alle Geschichten dieser Welt gemeinsam haben.

Falls du erwartest, dass wir jetzt dazu übergehen, dir zu erklären, dass irgendetwas falsch sei an deinen Selbstbildern, Vorsätzen, Ratschlägen, Weisheiten oder Urteilen, müssen wir dich enttäuschen. Ganz im Gegenteil. Deine Auswahl ist wunderbar, denn es ist deine Auswahl.

Letztendlich sind wir doch alle aus dem gleichen Holz geschnitzt, egal was wir ankreuzen. Ob wir wollen oder nicht, keiner von uns kann sich seinen Glaubenssätzen entziehen. Keiner von uns ist frei von Selbstbildern, Urteilen und Vorsätzen. Wir alle haben eine Vorstellung von der Welt, wie sie ist oder wie sie sein sollte, und nicht zuletzt deshalb geben wir auch so gerne Ratschläge, oder nicht?

Wir alle schreiben unsere Geschichten, so viel steht fest. Wir alle spielen unsere Rollen. Die Frage, die uns dabei am meisten interessiert, lautet: Sind wir hilflos darin gefangen oder sind wir frei, zu wählen, was wir spielen wollen? Mehr noch: Was würde Freiheit bedeuten, wenn es womöglich gar niemanden gäbe, der frei sein könnte?

Willkommen bei den Schwebedialogen!

*»Ein Kommunikationsformat,
bei dem keine Vereinbarungen getroffen werden?
Wofür soll das gut sein?«*

*»Alles ist gut, so wie es ist?
Das kann nicht euer Ernst sein!«*

*»Erzählen, was in mir vorgeht, und das war's dann?
Pure Zeitverschwendung!«*

Wenn du zum ersten Mal von Schwebedialogen hörst, denkst du vielleicht, das kann doch nicht ernst gemeint sein. Ein Kommunikationsformat, das ohne klare Ziele auskommt? Ohne den Drang, etwas erreichen zu wollen? Klingt erst mal ziemlich merkwürdig, oder? Wir sind es gewohnt, alles, was wir tun, einem Nutzen unterzuordnen – im Job genauso wie zu Hause. Wir wollen vorankommen im Leben, Dinge verbessern, Probleme lösen. Das ist normal und absolut sinnvoll.

Denke nur an die gängigen Kommunikationsformate im Berufsleben, wie Kick-offs, Jour Fixes, Meetings, Interviews, Präsentationen, Workshops, Konferenzen oder auch Gespräche im Familienkreis. Meist geht es darum, Lösungen zu finden, Ideen voranzutreiben und klare Pläne zu schmieden. Am Ende eines solchen Austauschs stehen oft konkrete To-dos und das befriedigende Gefühl, etwas erreicht zu haben.

Formelle Kommunikationsmethoden wurden entwickelt, um so schnell und effizient wie möglich anvisierte Ziele zu erreichen. Man erkennt ein Problem hier, sucht nach einer Lösung dort, und dazwischen liegt ein Weg mit Hindernissen, die es zu überwinden gilt. Für den notwendigen Fokus muss alles, was nicht eindeutig der Zielerreichung dient, ausgeklammert oder zumindest in den Hintergrund gerückt werden.

Und das ist gut so.

Das Konzept von einem unzureichenden Ist- und einem verbesserten Sollzustand ist so tief in unserem Denken und unserer Kultur verankert, dass es integraler Bestandteil unserer Sicht auf die Welt ist.

Jeder lösungsorientierte Ansatz dient diesem Paradigma, weil es einfach unglaublich nützlich ist. Die Wirkung ist so überzeugend und scheinbar alternativlos, dass wir kaum darüber nachdenken, ob es nicht auch unerwünschte Nebenwirkungen dieses evolutionären Erfolgsmodells geben könnte.

Wenn wir das Leben mit dem Blick auf Defizite betrachten, spornt uns das enorm an, uns anzustrengen und alle Kraft und Ressourcen darauf zu verwenden, glücklicher, beliebter, gebildeter, gesünder, leistungsfähiger, schöner, zufriedener …, also in jeder Hinsicht erfolgreicher zu werden.

Kann es überhaupt eine Motivation geben, nach Alternativen zu diesem Erfolgsschema zu suchen? Schließlich spricht wenig dafür, sich mit der Welt, in der wir leben, zufriedenzugeben.

Oder?

Vielleicht hast du dich in Zeiten, in denen der Druck einfach zu groß war, schon einmal gefragt, welche Auswirkungen diese Art zu denken eigentlich auf dein Leben hat? Auf deine Beziehungen, auf dein Vertrauen in dich selbst und in andere? Inwieweit verändert diese Sichtweise deine Wahrnehmung dessen, was ist? Und was passiert mit all den

Themen, die zwar da sind, aber strukturell vielleicht ausgeblendet werden, weil sie außerhalb des jeweiligen Fokus liegen?

Die Summe all dieser aus den Augen verlorenen Wahrnehmungen nennen wir den *blinden Fleck der Problemlösungsbrille*.

Der Schwebedialog ist eine alternative Kommunikationsweise, die sich zwischen den Interaktionsräumen formeller und informeller Kommunikation bewegt: Er ist hochstrukturiert und hat dabei weder einen definierten Fokus noch ein Ziel.

Schwebedialoge sind nicht darauf ausgerichtet, irgendetwas zu verändern. Hier gibt es nichts zu erreichen, nichts zu verbessern und nichts, das du falsch machen könntest. Schwebedialoge schaffen Raum, um in Kontakt zu treten mit den Geschichten, Glaubenssätzen und Vorstellungen, die wir alle in uns tragen. Sie sind eine Einladung, uns selbst und anderen zuzuhören. Es geht um einen kreativen, freien und spielerischen Umgang mit unseren inneren Welten. Hier darf alles genau so sein, wie es ist.

Keine Bewertung. Keine Diskussion. Keine Lösung.

Bei den Schwebedialogen wollen wir Fragen stellen, ohne sie zu beantworten. Wir wollen Widersprüche ausdrücken, ohne sie aufzulösen. Konflikte darstellen, ohne sie zu bereinigen. Wir wollen das, was momentan stattfindet, richtig kennenlernen.

Bevor wir dir aber zeigen, wie das in der Praxis konkret funktioniert – und es ist wirklich ziemlich einfach, einen Schwebedialog durchzuführen –, wollen wir dir eine erste Orientierung geben, in welchen Details sich die Methode von den üblichen Problemlösungsformaten unterscheidet, wie sie aufgebaut ist und wo sie überall eingesetzt werden kann.

Schwebedialoge – eine andere Art zu kommunizieren

Schwebedialoge sind kein Ersatz für lösungsorientierte Kommunikationsmethoden.

Ganz im Gegenteil.

Die Wirkung der Schwebedialoge fängt genau dort an, wo herkömmliche Formate an ihre Grenzen stoßen. Um diese Wirkung zu erzeugen, werden bei den Schwebedialogen grundlegende Elemente lösungsorientierter Kommunikationsmethoden weggelassen.

Sehen wir uns das im Detail an:
Lösungsorientierte Formate gehen von einer oder mehreren Fragestellungen aus und zielen auf konkrete Ergebnisse ab. Es werden Verantwortlichkeiten geklärt, Zeitpläne festgelegt und Meilensteine definiert. Der Fortschritt wird überwacht, indem die Einhaltung der Vereinbarungen und die Erreichung der Zielvorgaben überprüft werden. Diese Formate zeichnen sich durch einen klaren Fokus, ein definiertes Vorgehen und umsetzbare Schritte aus.

Im Gegensatz dazu beginnen Schwebedialoge ohne konkrete Problemstellung, sie haben einen offenen Ausgangspunkt. Hier wird kein bestimmtes Ergebnis angestrebt, sondern ein Überblick über alle Themen, die gerade bewegen. Es gibt kein Monitoring und kein Feedback. In einem Schwebedialog trägst du die volle Verantwortung für alles, was du glaubst, denkst und brauchst. Die Spielregeln geben während des Dialogs klare Richtlinien vor, lassen aber danach alles in der Schwebe.

Bei den Schwebedialogen gibt es also keinen Fokus, keine Lösungen, keine Einigung und keine konkreten Ergebnisse.

	Lösungsorientierte Formate	Schwebedialoge
Ausgangspunkt	Problem	Überblick über alles, was einen jetzt beschäftigt
Ergebnis	Erreichen definierter Ziele	Intensiver Kontakt, Klarheit und Orientierung, Vertrauen, Zusammenhalt, Freude an vitalen und kreativen Entwicklungsprozessen
Ergebnis pro Meeting	To-do-Listen Klare Zuständigkeiten Timeline Vereinbarungen und Etappenziele	Ausgefüllte und vorgestellte Karten
Monitoring	Erfüllung der Meeting-Vereinbarungen Feedbackschleifen zur Zielerreichung	Kein Monitoring und kein Feedback
Verantwortlichkeiten	Klar definierte Zuständigkeiten für Aufgaben	Hundertprozentige Eigenverantwortung für alles, was man glaubt, denkt und braucht
Spielregeln	Verbindlichkeit beim Einhalten aller Vereinbarungen	Klare Richtlinien während des Dialogs, danach offenes In-der-Schwebe-Halten
Qualitäten	Klare Ziele Definierte Vorgehensweise Schritt für Schritt umsetzbar	Maximaler Überblick über alles, was wirkt Vertrauen und Loslassen Fördern schöpferischer Wachstumsprozesse Kreatives, lustvolles Arbeiten

So weit, so gut.

Hm.

Ist das so?

Vielleicht kannst du dir nach wie vor nur schwer vorstellen, wie so eine funktionsbeeinträchtigte Methode allen Ernstes deine Kommunikation bereichern soll? Das wäre nur allzu verständlich, da du wahrscheinlich noch gar nicht erlebt hast, wie es sich anfühlt, auf so ungewohnte Weise mit dir selbst oder anderen in Kontakt zu treten.

Lass uns daher ein paar Aspekte etwas näher beleuchten.

Kein Fokus

Denk einmal an die meisten Gespräche, die du führst. Egal ob im Job oder privat, fast immer gibt es irgendeine Art Themenschwerpunkt, um den sich alles dreht, nicht wahr?

In der formalen Kommunikation ist ein klarer Fokus das A und O. Warum? Weil es um Geschwindigkeit und Effizienz im Erreichen von Zielen geht. Abschweifungen in Bereiche, die in keinem direkten Zusammenhang mit dem Thema stehen, werden schnell als Zeitverschwendung empfunden.

Auch in privaten Gesprächen stellt sich gern automatisch so etwas wie ein inhaltlicher Fokus ein. Du kennst das sicher: Wer am lautesten schreit oder zuerst spricht, gibt den Ton an, und es ist gar nicht so leicht, den Fokus dann wieder in eine andere Richtung zu lenken.

Bei den Schwebedialogen machen wir das anders: Hier bestimmst du deinen Fokus selbst. Egal ob du einen Schwebedialog in der Familie, bei der Beratung oder in der Arbeit machst – du entscheidest, welche Punkte für dich in einem bestimmten Kontext relevant sind und ob du sie in der aktuellen Situation mit anderen teilen möchtest.

Keine Lösung und keine Einigung

Bei den Schwebedialogen gibt es nichts zu erreichen, nichts zu verbessern und nichts, das du falsch machen könntest. Du drückst aus, was in dir vorgeht, und musst dir mit niemandem darüber einig sein.

Es gibt keine Diskussion, keine Bewertung und keinen Kommentar. Deine Wirklichkeit steht neben der der anderen, keine ist besser oder schlechter, sondern einfach so, wie sie ist.

Wenn wir die Dinge so zeigen, wie wir sie wahrnehmen, sind Widersprüche, Probleme und Konflikte ganz normal. Sie gehören einfach dazu.

Das Schöne ist, dass du dich in einem Schwebedialog nicht damit herumplagen musst, dich für die eine oder andere Sichtweise oder überhaupt für irgendetwas zu entscheiden, denn hier wollen wir die Knoten in unseren Köpfen nicht auflösen, sondern sie erst richtig kennenlernen.

In einem Schwebedialog ist es gar nicht erlaubt, Probleme oder Konflikte zu lösen, und das kann eine echte Erleichterung sein! Auch das Zuhören macht so gleich viel mehr Spaß!

Nicht zuletzt deswegen können Schwebedialoge einen essenziellen Beitrag dazu leisten, deine Sichtweise auf Themen, die dir Unbehagen bereiten, grundlegend zu verändern. Denn mit den drei Schwebedialogkarten (die du noch kennenlernen wirst) hast du jederzeit die Möglichkeit, im Nu alle wesentlichen Themen zu identifizieren und sie ohne Dramatik anzusprechen, weil es nichts gibt, wofür du kämpfen müsstest.

Sogar, wenn du bereits in einer handfesten Krise steckst oder vor einem Berg unlösbarer Probleme stehst und nicht weißt, wie es weitergehen soll, können dir Schwebedialoge – gerade wegen ihres fehlenden Lösungs- und Einigungsanspruchs – überraschend viel Halt und Orientierung geben!

Alles darf sein, wie es ist, und von sich heraus zu dem werden, was es sein kann

Bei einem Schwebedialog geht es um Kontakt mit dem, was ist. Und darum, dir zu erlauben, dass dieser Kontakt etwas in Bewegung bringt.

Das geht nur, wenn du dich frei fühlst, ohne Druck, ohne Erwartungen und ohne Zwang.

Schwebedialoge entfalten ihre Wirkung ganz von selbst. Das ist ihre große Stärke. Sie haben die Kraft, Perspektiven zu verändern, Neues anzustoßen, Impulse für innovative Ideen und Aktionen zu geben.

Wir empfehlen, einen Schwebedialog in zeitlichem Abstand zu lösungsorientierten Formaten durchzuführen. Sonst wird es schwer, der Versuchung zu widerstehen, immer gleich alles lösen und verbessern zu wollen. Aber Vorsicht! Dieser Gewohnheit nicht nachzugeben, kann leicht zu Verunsicherung und Misstrauen führen. Schließlich haben wir von klein auf gelernt, wie wichtig es ist, die Fäden in der Hand zu halten, oder?

Bei den Schwebedialogen kannst du den Versuch wagen, die Zügel für eine Weile aus der Hand zu geben, und die Erfahrung machen, dass sich die Dinge auch ohne Kontrolle und Plan auf erstaunliche Weise weiterentwickeln.

Schwebedialoge sind kein Ersatz für lösungsorientierte Formate, aber sie können dir in einer Welt voller Konzepte, Bilder und Vorstellungen wieder Luft zum Atmen geben. Und einen sicheren Ort, an dem alles so sein darf, wie es ist, um von sich heraus zu werden, was es sein kann.

Wie sind Schwebedialoge aufgebaut?

Schwebedialoge als Methode bestehen im Wesentlichen aus zwei Teilen, die unabhängig voneinander eingesetzt werden können.

Der erste Teil ist das strukturierte und kompakte Kommunikationsformat, das selbst für Kinder leicht verständlich und in ganz unterschiedlichen Kontexten anwendbar ist.

Der zweite Teil der Methode ist die Praxis des In-der-Schwebe-Haltens. Es geht darum, dass wir uns bewusst werden, was wir tun, wenn wir etwas denken und glauben. Um die Haltung, wie wir mit den Inhalten umgehen, die in den Schwebedialogen zur Sprache kommen. Dieser Teil der Schwebedialoge ist in seiner Tragweite oft nicht so leicht zu verstehen. Aber um einen Schwebedialog durchzuführen, ist ein grundlegendes Verständnis auch gar nicht notwendig, es genügt völlig, die Spielregeln einzuhalten.

Selbst wenn du das Format nur auf die einfachste Art und Weise anwendest, ohne dich jemals vertieft mit der Bedeutung des In-der-Schwebe-Haltens auseinanderzusetzen, ist es bereits zu hundert Prozent wirksam!

Falls du aber noch einen Schritt weiter gehen willst und dich tiefgehend auf die Schwebedialoge als Geisteshaltung einlassen möchtest, kann das In-der-Schwebe-Halten für dich zu einer Art meditativer Praxis werden, die dein Denken und damit dein Leben fundamental verändern kann. Auf diesen Aspekt werden wir vor allem im dritten Teil des Buches ausführlich eingehen.

Wo können Schwebedialoge eingesetzt werden?

Je nachdem, in welchem Kontext du Schwebedialoge einsetzen möchtest – mit deinem Team, in einem Workshop, im Rahmen eines Coachings, zu Hause mit deinem Partner, mit deiner Familie oder lieber ganz für dich allein –, können die Anforderungen an die Methode sehr unterschiedlich sein. Auch die Tiefe der Auseinandersetzung mit dem Thema wird stark davon abhängen, wofür, wo und mit wem du Schwebedialoge anwenden willst. Lass uns einen ersten Blick auf drei Szenarien werfen.

Schwebedialoge in Organisationen

In Organisationen ist der Einsatz von Schwebedialogen zunächst ungewohnt. Denn die Methode bricht mit dem Paradigma des vorherrschenden Problemlösungsdenkens, das jedem unternehmerischen Handeln zugrunde liegt. Gerade im beruflichen Kontext können Schwebedialoge jedoch einen wertvollen Beitrag zu einer vertrauensvollen Unternehmenskultur leisten. Sie fördern den Zusammenhalt, indem sie ein tiefes Verständnis für die Perspektiven der anderen Mitarbeiter*innen ermöglichen. Schwebedialoge schaffen im Handumdrehen Klarheit und Orientierung über das, was die Menschen gerade wirklich bewegt. Dies führt unmittelbar zu einer spürbaren Entlastung in der Zusammenarbeit, da alle Beteiligten nun wesentlich besser übereinander Bescheid wissen.

Und was für jedes Kommunikationsformat in Organisationen gilt, gilt auch für den Schwebedialog: Für eine professionelle Moderation ist es immer von Vorteil, jemanden zu haben, der sich intensiver mit der Methode auseinandergesetzt hat. Bei Schwebedialogen ist es jedoch nicht notwendig, dass auch die Teilnehmenden das theoretische Konzept des In-der-Schwebe-Haltens wirklich verstanden haben. Für die Anwendung und Nutzung von Schwebedialogen ist die konsequente Einhaltung und Einforderung der Spielregeln durch eine geschulte Moderation völlig ausreichend.

Schwebedialoge für Fachleute in den Bereichen Coaching, Beratung oder Sozialarbeit

Wenn du Schwebedialoge in deiner Coaching- oder Beratungsarbeit einsetzen möchtest, solltest du dich intensiv mit dieser Methode auseinandersetzen, da sie stark von gewohnten Denkmustern abweicht. Als Lohn steht dir ein Format zur Verfügung, in dem deine Klient*innen unter deiner professionellen Begleitung ihre aktuelle Situation frei und ohne Lösungsdruck ausloten können.

Der Schwebedialog ergänzt die bestehenden Methoden, indem er Gedanken und Gefühle zulässt, die auch ohne direkte Handlungsabsicht im Raum stehen bleiben dürfen. Diese können später im regulären Rahmen wieder aufgegriffen und weiterbearbeitet werden. Bitte achte als Anwender*in wie Moderator*in immer darauf, dass zwischen jedem Schwebedialog und dem nächsten klassischen lösungsorientierten Meeting genügend Zeit vergeht, damit sich die Wirkung des In-der-Schwebe-Haltens auch entfalten kann. Schwebedialoge aktivieren das Unbewusste und dieses braucht etwas Zeit für seine Arbeit.

Schwebedialoge im privaten Bereich, für Paare, Familien oder ganz für dich allein

Im privaten Umfeld ermöglicht der Schwebedialog einen Austausch, der abseits des Alltags stattfindet. Dabei ist es egal, ob es sich um berufliche Fragen, persönliche Gedanken oder Gefühle handelt. Jeder Beitrag ist eine persönliche Momentaufnahme, die du mit deinem Partner, deiner Partnerin, deiner Familie, deinen Kindern oder deinen Freunden und Freundinnen teilst.

Das fördert das gegenseitige Verständnis und bereichert die zwischenmenschlichen Beziehungen, da alle die Möglichkeit haben, ihre innere Welt auszudrücken und die der anderen besser zu verstehen.

Übrigens: Auch allein kannst du einen Schwebedialog machen! Hier führst du im Prinzip einen Dialog mit dir selbst. Das klingt vielleicht erst einmal ungewöhnlich, ist aber auf jeden Fall einen Versuch wert. Das Praktische daran ist, dass du niemanden finden musst, mit dem du sprechen kannst. Nur du und die drei Schwebedialogkarten. Und das kann richtig spannend werden!

Mit einem Solo-Schwebedialog holst du nämlich die Gedanken und Gefühle ans Licht, die im Alltagstrubel untergehen und leicht unter den Tisch fallen, wenn du nur so vor dich hin grübelst. Du kannst Zusammenhänge entdecken, die dir in der Selbstreflexion nie in den Sinn kommen würden. Denn beim üblichen Nachdenken ist man oft zu sehr im Netz der eigenen Geschichten gefangen.

Also: Probiere es einfach aus!

Wie du siehst, lassen sich Schwebedialoge auf vielfältige Weise einsetzen! Im Anhang werden wir auf die speziellen Anforderungen in den unterschiedlichen Bereichen noch genauer eingehen.

Und bevor wir dich im Hauptteil des Buches mit praktischen Anleitungen Schritt für Schritt durch das Kommunikationsformat führen, laden wir dich dazu ein, mit uns gemeinsam eine kleine Reise in die bewegte Welt unserer Gedanken zu unternehmen. Wir wollen der Frage auf den Grund gehen, wie wir überhaupt etwas erschaffen, das wir kommunizieren können, und was es bedeutet, dieses Etwas in der Schwebe zu halten.

1. Teil

Grundlagen

Im Einführungsteil wenden wir uns den grundlegenden Elementen jeder Art von Kommunikation zu: Es geht um Geschichten, Glaubenssätze, Bewusstsein und Bedürfnisse. Und um die Frage, was es bedeutet, das alles in der Schwebe zu halten.

Alles ist Geschichte

oder

Bewusstsein = etwas erschaffen

Hand aufs Herz, hast du dich schon jemals nicht denkend erlebt? Ohne diesen ewig vor sich hin plätschernden Monolog – dieses innere Blablabla –, das den lieben langen Tag als kaum wahrnehmbares Hintergrundrauschen, als zarte Begleitmusik oder gelegentlich als melodramatischer Gefühlsverstärker alles und jeden kommentiert? Selbst auf dem Meditationskissen denkst du an deine Atmung, an das Hier und Jetzt oder an das ultimative Loslassen aller Gedanken über die Atmung, das Hier und Jetzt oder das Bein, das in diesem Augenblick gerade einschläft.

Unser Gedankenkino läuft und läuft … und lenkt unsere Aufmerksamkeit wie ein Fahrer sein Auto. Doch wer sitzt am Steuer? Nimm dir bitte einen Augenblick Zeit und betrachte die Überschrift dieses Kapitels.

Was siehst du?

Vielleicht ein paar aneinandergereihte Begriffe, die einen mehr oder weniger verständlichen Inhalt vermitteln? Womöglich klingt das Zusammenfügen der einzelnen Wortbilder für dich plausibel, weil das, was du damit verbindest, deiner Erfahrung nach zusammenpasst und somit Sinn ergibt? Oder findest du die Kombination dieser Ausdrücke in diesem Kontext eher seltsam, unlogisch oder gar lächerlich, weil sie nicht zu dem passen, was du bisher gelernt hast?

Nun stelle dir vor, dir hätte noch
niemand das Alphabet
oder das Lesen beigebracht.

Was würdest du dann sehen?

Betrachte nun bitte die folgende
Abbildung:

Was siehst du?

Vielleicht eine dir unbekannte Schrift oder einen geheimen Code, den du nicht kennst und daher auch nicht entschlüsseln kannst? Oder die Profilspuren eines Fahrrads, das über ein Stück Papier gefahren ist? Möglicherweise glaubst du einen oft kopierten Text zu erkennen, bei dem die eigentliche Information schon verloren gegangen ist?

Was siehst du, wenn du keine Schrift kennst oder dir noch nie jemand etwas über Codierung erzählt hat? Was siehst du, wenn du noch nie ein Fahrrad gesehen hast? Was siehst du, wenn du noch nie einen Drucker benutzt, geschweige denn einen fehlerhaften Ausdruck in der Hand gehabt hast?

Es ist so: Du kannst nur etwas sehen, das du schon kennst. Etwas, das du noch nie gesehen hast oder das sich nicht mit etwas vergleichen lässt, das dir bekannt ist, muss dein Gehirn erst zu etwas machen, dessen du dir bewusst werden kannst, sei es auch nur als ein Etwas, das du nicht kennst.

In diesem Sinne bedeutet Bewusstsein, etwas zu erschaffen, dessen man sich bewusst sein kann. Um aber *etwas* überhaupt zu *etwas* machen zu können, brauchen wir eine Abgrenzung – also eine klar definierte Trennlinie zwischen dem, was dieses Etwas ist, und dem, was es nicht ist. Die Unterscheidung, wo dieses Etwas anfängt und wo es aufhört, ist dabei völlig willkürlich, sie muss nur in bereits vorhandene Konzepte passen und sich im Alltag bewähren. Denn um mit uns selbst und anderen bewusst kommunizieren zu können, brauchen wir als vermittelbare Entitäten klar abgegrenzte Zuschreibungsmengen: Das ist ein Baum. Dort ist ein Fluss. Ich mache dies. Du machst das … und so weiter. Ohne Konzept von einem Ich und einem Du, von einem Dieses-ist-so und einem Jenes-ist-anders und so weiter ist gar kein Plan und auch keine Kommunikation im menschlichen Sinne möglich.

In unserem Körper arbeitet ein gigantisches neuronales Netzwerk unaufhörlich daran, Bilder zu erzeugen, Pläne und Konzepte zu entwickeln und Sinn zu erschaffen. Es unterscheidet, benennt, interpretiert und beurteilt so lange, bis ein vermittelbares Etwas entsteht, das dann sorgfältig in die Welt der gespeicherten Erfahrungen eingefügt und in weiterer Folge zu glaubwürdigen Geschichten verwoben wird. Der Prozess dieses Etwas-Erschaffens läuft die meiste Zeit allerdings so hintergründig ab, dass du nichts davon bemerkst. Erst die fertig erstellte Welt-Illusion wird in dein Bewusstsein eingespielt. Wenn du also mit allen deinen Sinnen achtsam im Hier und Jetzt bist, ist der Film, den du gerade laufen hast, nichts anderes als die interne Projektion aus jenen Daten deiner Vergangenheit, die unter der Rubrik »Hier und Jetzt« gespeichert sind. Der Film mag angenehm sein und dir guttun, ist aber trotzdem eine Schöpfung deines neuronalen Netzwerks und offenbart keine andere Realität als diese.

Wie es aussieht, gibt es für uns Menschen keinen Weg, unseren Wirklichkeitsprojektionen zu entkommen. Wir erfahren uns selbst und andere ausschließlich durch die Filme, die wir laufen haben.

Und das ist gut so.

Ich ist auch nur etwas

oder

Die Trennung zum Selbst

Vorne, im Prolog, hast du deine Selbstbilder angekreuzt. Das ist dir wahrscheinlich nicht schwergefallen, denn schließlich machen wir uns alle Vorstellungen über uns selbst und erzählen unentwegt Geschichten, in deren Mittelpunkt wir selbst stehen. So prägt sich unser »Ich«.

Kannst du dich auch noch an den Anfang deiner persönlichen Ich-Geschichte erinnern? Daran, wo du ursprünglich begonnen hast und wie die Welt der Geschichten in deinen Kopf gekommen ist? Vermutlich nicht. Würdest du dich daran erinnern, wäre diese Erinnerung schon eine Geschichte und als solche ungeeignet, um der Entstehung aller Geschichten in deinem Kopf auf den Grund zu gehen.

Warum kann man sich kaum an Erlebnisse der ersten zwei Lebensjahre erinnern? Vielleicht können Erinnerungsgeschichten ja erst dann aufgebaut werden, wenn das neuronale Netzwerk weit genug entwickelt ist, um »in Geschichten denken« zu können. Aber das ist natürlich reine Spekulation, denn was in den Köpfen kleiner Babys vorgeht, können wir als Erwachsene nicht mehr nachvollziehen.

Wenn du dennoch – rein fiktiv – in deinem Film über dich selbst so weit wie möglich zurückspulst, zum Prolog deiner Ich-Geschichte, dann reist du in eine imaginäre Welt, in der du dir noch keine Geschichten erzählt oder an solche geglaubt hast. Der erste Akt könnte dann mit einer Szene beginnen, in der du in einen Spiegel schaust und dort zum ersten Mal etwas entdeckst, das dich von da an grundlegend von allem unterscheidet, was bisher deine Wirklichkeit ausgemacht hat: dein eigenes Selbst.

Dein »Ich« wird geboren!

Von nun an gibt es eine Unterscheidung zwischen dem, was du bist, und dem, was du nicht bist: Du wirst dir deiner selbst bewusst. Du fängst an, von dir nicht mehr in der dritten Person zu sprechen, sondern »ich« zu sagen. In der noch einfachen Welt in deinem Kopf ist eine neue Entität entstanden, die sich von allen anderen grundlegend unterscheidet. »Ich«, »mich«, »mir«, »mein« steht von nun an in krassem Gegensatz zu allem anderen in der Welt.

Hier ich, dort die Welt da draußen.

An sich ist »Ich« genauso wie »Baum« oder »Haus« ein von unserem Nervensystem erzeugter Orientierungspunkt. Die Entität »Ich« ist dabei nicht die Schöpferin der Landkarte in deinem Kopf, sondern ein Teil von ihr.

Eine Entität, also ein »Etwas«, das du überhaupt als solches wahrnehmen kannst, ist im Grunde nichts anderes als die Ansammlung einer Vielzahl an Zuschreibungen. Aus welchen Elementen sich so eine Zuschreibungsmenge zusammensetzt, ist dabei völlig willkürlich. Wenn wir uns darauf einigen, was wir noch als »Haus« bezeichnen und was nicht mehr, dann tun wir das sowohl durch Zuschreibungen, *was es ist,* als auch durch Zuschreibungen, *was es nicht ist.* Bei Bezeichnungen wie »Apfel« ist die Grenze der Zuschreibung deutlicher, bei anderen wie »Kunst« bereits diffuser. Was ist noch Kunst und was nicht mehr? Bei der besonderen Kategorie der Selbstzuschreibungen ist es noch mal komplizierter: Was schreibe ich mir selbst zu, was wird mir von anderen zugeschrieben? Was empfinde ich noch als »Ich«, was nicht mehr?

Wenn wir uns etwas bewusst machen oder bewusst werden, erzeugen wir Zuschreibungen durch das Ziehen von Trennlinien. Das Etwas, das wir bewusst erfassen, ist eine in unserem Denken handhabbare Entität, eine abgegrenzte Menge an Zuschreibungen. Ein Etwas, dessen du dir bewusst werden kannst, nicht mehr und nicht weniger. Aber diesem besonderen Etwas, dieser Vorstellung von dir als du selbst, diesem »Ich«, gibst du in all deinen Geschichten eine ganz besondere Bedeutung.

Und das ist gut so.

Die Trennung zu dir selbst bleibt jedoch nicht ohne Folgen. Genauso wenig wie alle anderen Trennungen: richtig/falsch, innen/außen, getrennt/verbunden, wichtig/unwichtig.

Erst die Erschaffung von Entitäten eröffnet uns Menschen die Möglichkeit, *kognitiv* aus Erfahrungen zu lernen. Denn durch sie erzeugen wir etwas, das wir vergleichen und in situationsabhängige Werteskalen einordnen können. Positive, neutrale oder negative Bewertungen geben uns die Möglichkeit, unsere Zuschreibungsmengen zu bewerten und gegeneinander abzuwägen, um aus unseren Erfahrungen für die Zukunft zu lernen.

Seien es Umstände, Gegenstände, Mitmenschen, selbst Gefühle und Wahrnehmungen, alles stellen wir in einen Bewertungskontext, der ausschließlich vom Vergleich lebt. Du selbst, die Zuschreibungsmenge »Ich«, bleibst davon natürlich nicht verschont. Du ordnest auch dir selbst unweigerlich mehr oder weniger Wert zu, situationsbedingt und je nachdem, um welchen Vergleich es konkret geht. Die Summe dieser Zuordnungen, also die Gesamtbewertung, die du an dir selbst vornimmst, wird gemeinhin als Selbstwert bezeichnet.

Schon Kleinkinder erfassen seismografisch jede Reaktion, jeden Kommentar, jede Beschreibung, die andere in ihre Richtung fallen lassen, und formen daraus ein Bild von sich selbst, das sie automatisch in einen Vergleich mit anderen stellen. Schneiden sie in diesem »Wettbewerb« gut ab, steigt ihr Selbstwert. Können sie den Maßstäben hingegen nicht gerecht werden, werten sie sich selbst ab. Selbstliebe und Selbsthass sind so gesehen nichts anderes als die Bausteine der Vorstellung von einem getrennten Selbst.

Und auch das ist gut so.

Denn die Erschaffung des Selbst und aller anderen Entitäten ist ausgesprochen nützlich bei der Erfüllung eines überlebenswichtigen Zwecks.

Geschichten kreisen um Bedürfnisse

oder

Bedürfnisse werden uns durch Geschichten bewusst

Alles in deinem Leben dreht sich rund um die Erfüllung deiner Bedürfnisse. Manches brauchst du unmittelbar und körperlich, wie Luft, Wasser, Schlaf oder Nahrung, manches wiederum scheint optionaler, ist aber nicht minderbedeutend, wie Liebe, Geborgenheit, Wertschätzung oder Sicherheit.

Das Bedürfnis nach Wasser kannst du beispielsweise als die Geschichte »Ich habe Durst« mit der Fortsetzung »Ich hole mir ein Glas Wasser« und der Ausführung einer passenden Handlung bewusst erleben. Ganz einfach. Oder aber auch superkomplex, wenn es beispielsweise um die Planung eines gemeinsamen Wüstentrips geht. Da braucht es schon wesentlich aufwendigere Geschichten von mehreren Beteiligten, um den Bedarf an ausreichender Flüssigkeitszufuhr für alle lückenlos zu gewährleisten. Das Bedürfnis ist das gleiche wie im ersten Fall, nur die Geschichten sind komplexer.

Und dann gibt es noch die vielen Geschichten, die schon stark von den dahinter liegenden Bedürfnissen abstrahieren. Denke nur an eine Hochzeit: Hier dreht sich alles um elementare Grundbedürfnisse wie Sicherheit, Zugehörigkeit, Liebe, Intimität, Sexualität, Geborgenheit, Vertrauen oder Harmonie. Der entsprechende Geschichtenkomplex ist in diesem Fall allerdings bereits riesengroß und manchmal auch schon weit vom ursprünglichen Bedürfnis entfernt.

In welcher Form auch immer, alle Geschichten, die wir uns über uns selbst und die Welt erzählen, kreisen um unsere Bedürfnisse wie die Planeten um die Sonne. Sie dienen dazu, uns selbst und andere dazu zu bringen, uns zu geben, was wir brauchen. Können wir Bedürfnisse synergetisch erfüllen, umso besser: Paare, Familien, Gemeinschaften, Organisationen oder Staaten sind hochkomplexe Bedürfnisbefriedigungskonglomerate, deren Kitt handlungssteuernde Geschichten sind.

Und das ist gut so.

Geschichten und Entitäten sind das Mittel. Das Stillen von Bedürfnissen ist deren Zweck.

Geschichten und ihre Abgrenzungen sind in diesem Zusammenspiel je nach Bedürfnis austauschbar, sie haben keinerlei Bedeutung für sich selbst. Bedürfnisse hingegen sind einfach das, was sie sind. Sie sind weder gut noch schlecht. Sie selbst können niemals das Problem sein. Bedürfnisse sind Ausdruck des Lebens, das einfach leben will.

Das Knifflige dabei ist: Du kannst dir deiner Bedürfnisse nur in Form von Geschichten bewusst werden. Ob es um Sauerstoff, Wasser und Nahrung geht oder um Anerkennung, Kontrolle, Selbstwirksamkeit und Zugehörigkeit – alle deine persönlichen Geschichten kreisen rund um deine Bedürfnisse, gespickt mit Details und Bewertungen aus den Daten deiner Vergangenheit.

Deine Bedürfnisse selbst sind aber keine Geschichten. Sie sind einfach da und erzeugen die Dynamik des Lebens, ob es dir gefällt oder nicht. Sie entfalten unweigerlich ihre Wirkung, mit oder ohne dazu passender Geschichte. Wenn du Durst hast, braucht dein Körper Flüssigkeit. Wenn er nichts zu trinken bekommt, wirst du verdursten, egal was du darüber denkst. Die Geschichten, die du glaubst, drücken keine Wahrheiten aus, sondern erzeugen vielmehr

Bewusstsein, wo sonst keines wäre. Sie ermöglichen damit Kommunikation und aufeinander abgestimmtes Handeln.

Geschichten sind ein Mittel, um Bedürfnisse zu befriedigen.

Unsere Gefühle sind der vielleicht direkteste Ausdruck unserer Bedürfnisse. Selbst wenn du deine Gefühle mit bewertendem Subtext unterlegst, geben sie deinem Körper dennoch immer eine klare energetische Richtung. Zu manchem fühlst du dich hingezogen, beispielsweise wenn du etwas magst, liebst oder Lust darauf hast. Etwas anderes willst du lieber wegstoßen, weil es dir unangenehm ist, du dich davor ekelst, es hasst oder weil du wütend bist. Oder du löst deine Gefühle in Trauer auf, wenn es nicht möglich ist, der energetischen Richtung zu folgen, etwa wenn du einer Anziehung durch Liebesgefühle nicht nachgeben kannst, weil sie nicht erwidert werden. Oder wenn du dein Bedürfnis, etwas wegzustoßen, durch Wut ausdrückst und dies nicht toleriert wird.

Gefühle werden uns in Form von Geschichten bewusst. Diese Geschichten können mit so vielen Bewertungen und Interpretationen aufgeladen werden, sie können mit so viel Subtext versehen werden, dass wir manchmal mehr Energie in die Geschichten selbst investieren als in das ursprüngliche Bedürfnis.

Ein Beispiel: Deine Ärztin empfiehlt dir, mehr zu trinken, das sei gut für deine Gesundheit. Deine Einstellung dazu ist eigentlich, dass du trinkst, wenn du Durst hast, warum sollte das zu wenig sein? Wozu solltest du trinken, wenn du keinen Durst hast? Aber die Argumente, die man überall zu diesem Thema lesen kann, verunsichern dich und deshalb bemühst du dich, mehr zu trinken. Was wäre hier richtig? Oder falsch? Mehr trinken? Weniger trinken? Ein Mittelmaß finden?

Deine Bedürfnisse sind zwar – jedes für sich genommen – einfach und direkt. Sie können aber durchaus unterschiedlichen Aspekten deiner Überlebensfähigkeit dienen. Du hast Durst und deshalb trinkst du. Du hast ein Bedürfnis nach körperlicher Gesundheit, deshalb hältst du dich über die neuesten Gesundheitstipps auf dem Laufenden und gehst regelmäßig zur ärztlichen Untersuchung. Und nicht zu vergessen: Du brauchst auch Klarheit und Sicherheit. Deshalb wirst du immer versuchen, etwaige Widersprüche in deinen Geschichten (hier über das Trinken) schlüssig aufzulösen!

Einzelne Bedürfnisse sind immer klar und einfach. Aber die Geschichten, über die sie uns bewusst werden, können, wenn sie mit anderen Geschichten zum Thema vermischt werden, für uns verwirrend werden und sogar ein regelrechtes Eigenleben entwickeln. Das kann so weit gehen, dass wir Geschichten, die sich eigentlich schon längst von ihren ursprünglichen Bedürfnissen entkoppelt haben, weiterhin für uns und andere bestätigen, indem wir verschiedene Storylines in unseren Köpfen aufrechterhalten, die vielleicht gar nichts mehr mit unserer jetzigen Situation zu tun haben. Das alles kostet Kraft und kann letztlich unsere Geschichten weit von unseren vitalen Bedürfnissen entfernen. Wir verlieren aus dem Auge, was wir eigentlich brauchen. Aber was können wir tun, um der Dynamik zu entkommen, die wir mit den Geschichten, die wir glauben, in Gang setzen?

Dazu haben wir bei den Schwebedialogen eine ganz klare Antwort:

Nichts.

Denn auch die Vorstellung, dass es etwas gäbe, dem wir entkommen sollten, ist eine Geschichte.

Und das ist gut so.

Was uns trägt *oder* *Geschichten wollen gehört werden*

Bei den Schwebedialogen nennen wir Geschichten, die wir austauschen, Bedürfnisgeschichten. Nachvollziehbare Narrative sind bei Weitem das effizienteste Mittel, das uns Menschen zur Verfügung steht, um andere dazu zu bringen, im Sinne unserer Bedürfnisse zu handeln. Sie sind unser schöpferischstes Material, unser wichtigster Werkstoff, na ja, sowieso das Einzige, das wir haben, um mit uns selbst und anderen kommunizieren zu können.

Bei den Schwebedialogen interessieren uns dabei alle Arten von Geschichten gleichermaßen: solche, die wir uns über uns selbst erzählen, oder solche über die Menschen um uns herum. Solche über all das, was es unserer Meinung nach zu verbessern gäbe, oder solche über alles, was unsere Toleranz an ihre Grenzen bringt. Alle Geschichten sind gleich willkommen, die dramatischen, die großen, die traurigen, die komischen, die banalen, die lächerlichen, die Geschichten über Geschichten oder den Ärger über die stehen gelassene Kaffeetasse des Arbeitskollegen. Alle Geschichten sind es wert, gehört und ernst genommen zu werden. Denn sie eröffnen die erstaunliche Möglichkeit, Bewusstsein zu erzeugen für die Bedürfnisse, die gerade im Raum sind und Aufmerksamkeit benötigen.

Im Gegensatz zu gängigen Kommunikationsformaten werden in den Schwebedialogen die Inhalte von Geschichten nicht als reale Größen betrachtet, die gegeneinander abgewogen werden müssen. Vielmehr werden sie als Codierungen verstanden, die in ihrer Widersprüchlichkeit wertvolle Informationen enthalten und ohne Weiteres nebeneinander stehen können. Keine Geschichte ist besser oder schlechter, richtiger oder falscher als eine andere. Sie sind der konkrete Versuch, Bewusstsein zu schaffen für das, was wir brauchen, was uns bedroht, was wir verabscheuen, was uns Angst macht, Sorgen bereitet, freudig oder wütend stimmt.

Eine radikale Egalität aller Gedanken können wir uns bei den Schwebedialogen erlauben, indem wir zwei wesentliche Paradigmen unserer Kommunikationskultur konsequent beiseitelassen: den Fokus auf Lösungen und die Suche nach Einigung. Denn nur, wenn es kein angestrebtes Ziel oder wünschenswertes Ergebnis gibt, dem sich letztlich alle Erzählungen unterzuordnen haben, haben wir die Wahl, all das auszudrücken, was uns wirklich bewegt.

Diese Freiheit ermöglicht es uns, in Kontakt zu kommen mit den Geschichten, Glaubenssätzen, Vorstellungen, Ängsten oder Hoffnungen, die in uns allen da sind und sich unweigerlich auf unser Leben und Handeln auswirken. Alle Gedanken sind willkommen, genau so, wie sie eben in uns auftauchen. In diesem Rahmen gibt es nichts zu befürchten, nichts, was wir falsch machen könnten, denn wir wollen die Verstrickungen ja nicht auflösen, sondern ausdrücken. Wir wollen sie kennenlernen.

Das mag dir vielleicht einfach und banal vorkommen. In der Praxis ist es jedoch schwerer, als es auf den ersten Blick aussieht. Denn wir Menschen haben ein tief in uns verankertes Bedürfnis nach Orientierung und Sicherheit und wir suchen diese auch vehement in der Welt der Geschichten. Wir finden Rückhalt und Geborgenheit in den Geschichten, an die wir glauben, und machen sie so zu unumstößlichen Wahrheiten, an die wir uns mit voller Hingabe und größtem Engagement klammern. Wenn wir mit anderen kommunizieren, geht es meistens um nichts Geringeres als das Aushandeln einer gemeinsamen Wirklichkeit und das Lösen von Problemen im Sinne unserer selbst geschaffenen Realitäten.

Und das ist gut so.

Schauen wir es noch näher an:

Wenn ein Gespräch konstruktiv verläuft, betonen wir in der Regel die Gemeinsamkeiten mit unseren Gesprächspartnern und versuchen, das Trennende zu überwinden oder auszublenden. Das gibt uns Orientierung und Sicherheit. Natürlich geben wir dabei nur einen kleinen Teil unserer inneren Gedankenwolke preis, denn wir wollen einen guten Eindruck hinterlassen und die Harmonie des Gleichklangs nicht aufs Spiel setzen. Auch das gibt uns Orientierung und Sicherheit.

Wenn wir uns jedoch gezwungen sehen, den Weg des gemeinsamen Nenners zu verlassen, können wir entweder das Gespräch beenden oder wir müssen uns – aktiv oder passiv – einem Konflikt stellen. Wir versuchen dann gerne, unser Gegenüber von der Richtigkeit unseres Standpunktes im Gegensatz zur Unrichtigkeit seines Standpunktes zu überzeugen. Wenn uns das gelingt (oder wir uns von der anderen Sichtweise überzeugen lassen oder sogar irgendwo in der Mitte einen gemeinsamen Standpunkt finden), bekommen wir als Lohn nichts Geringeres als das Gefühl von Orientierung und Sicherheit.

Erweisen sich allerdings alle diese Versuche als aussichtslos, bleiben als letzte Mittel nur noch Abwertung und Ausgrenzung, um die eigene Wirklichkeit zu verteidigen und nicht hinterfragen zu müssen. Das Problem liegt dann woanders und unsere innere Welt ist wieder in Ordnung. Und auch das ist ein Weg, Orientierung und Sicherheit herzustellen.

Und das ist gut so.

Bei den Schwebedialogen geht es ebenfalls um Orientierung und Sicherheit, doch der Fokus ist ein anderer: Als Bereicherung zu gewohnten Gesprächsverläufen konzentriert sich dieses Format explizit auf das Ausdrücken von allem, was gerade da ist, ohne nach Einigung, konkreten Ergebnissen oder Lösungen zu suchen. Die Aufmerksamkeit richtet sich einzig und allein darauf, welche Bedürfnisse dich gerade beschäftigen, und nicht darauf, wie diese erfüllt werden könnten oder sollten. Es ist auch nicht wichtig, ob deine Bedürfnisgeschichten positiv oder negativ sind, heiter oder traurig. Jede Bewertung verliert an Bedeutung, denn das Bedürfnis, welches auch immer, muss nur ausgedrückt werden. Diese bewusste Aufmerksamkeitsverschiebung ist das zentrale Element der Schwebedialoge. Sie ermöglicht es dir, alles, was dich bewegt, genau so auszudrücken, wie es eben nun einmal in dir da ist.

Bei den Schwebedialogen kannst du die Erfahrung machen, dass das, was dich mit allen Menschen dieser Welt verbindet, nicht das ist, was du glaubst, sondern allein die Tatsache, *dass* du es glaubst. Dass wir alle glauben, was wir glauben, ist uns definitiv gemeinsam. Letztendlich sind es deine Bedürfnisse, die dich durch das Leben tragen, in welche Geschichten du sie auch immer verpackst. Und was vermutlich alle Geschichten dieser Welt gemeinsam haben: Sie wollen respektiert und ernst genommen werden! Denn sie sind der vitale Ausdruck unseres Lebenswillens und der sprachliche Code unser aller Verletzlichkeit.

Und das ist gut so.

So weit, so gut.

Zumindest in der Theorie. Aber kann die Idee eines freien Ausdrucks unserer eigenwilligen Gedankenwolken in der Praxis überhaupt funktionieren? Laufen wir nicht Gefahr, uns in endlosen

Diskussionen über belanglose Nebensächlichkeiten zu verlieren? Oder riskieren wir womöglich, uns gegenseitig zu beleidigen, weil wir so viel Offenheit gar nicht ertragen können? Hat es nicht einen guten Grund, dass wir Menschen uns weitgehend an die unausgesprochene Regel halten, nur Narrative zu verwenden, die wir im aktuellen Kontext als angemessen einstufen?

Absolut! In dieser Hinsicht machen Schwebedialoge auch keine Ausnahme. Was einen Schwebedialog von anderen Kommunikationsmethoden unterscheidet, ist vor allem die kleine, aber feine Verschiebung der Aufmerksamkeit. Diese minimale Fokusveränderung öffnet eine Tür in eine Welt, in der die Geschichten, die wir glauben, uns nicht einengen müssen. Wir nennen diese entscheidende Änderung des Bewusstseins »In der Schwebe halten« – sie ist das Herzstück der Methode.

Zwischen den Worten

oder

Bemerke ich, was ich tue?

Du hast dich vielleicht schon gefragt, wie die Schwebedialoge zu ihrem Namen kommen und was es mit »etwas in der Schwebe halten« eigentlich genau auf sich hat.

Der Begriff »Dialog« lässt sich zurückführen auf die griechischen Wortwurzeln ***diá-*** [hin-]durch und ***lógos*** Wort beziehungsweise Rede. Sinngemäß bedeutet ***diá-lógos***: Fließen von Worten. Der Begriff definiert das »Zwischen-den-Worten-Sein« und ist ursprünglich hinsichtlich der Zahl der Sprecher nicht festgelegt (Wikipedia 2024). Wir sehen das auch nicht so eng. Wenn du einen Schwebedialog für dich allein machst, dann ist das auch ein Dialog – einfach mit dir selbst.

Das Verb **»schweben«** beschreibt eine freie Bewegung im Raum und der Ausdruck »in der Schwebe halten« bedeutet, eine Entscheidung, einen Zustand oder ein Vorhaben bewusst offen oder unentschieden zu lassen und keine endgültige Lösung oder Richtung vorzugeben (Duden 2024; OpenThesaurus 2024).

Bevor wir jetzt noch weiter in die Tiefe gehen, lass uns an dieser Stelle noch einmal das Wichtigste aus den letzten Kapiteln zusammenfassen:

Bei den Schwebedialogen betrachten wir Gefühle, Gedanken, Vorstellungen und Überzeugungen als Ausdruck von Bedürfnissen. Sie stellen keine Wahrheiten dar, sind aber ein äußerst effektives

Mittel, um uns selbst und andere dazu zu bewegen, im Sinne unserer Bedürfnisse zu handeln.

Klingt das für dich vielleicht trocken, nüchtern oder kühl?

Gut möglich, denn dann wären ja alle Geschichten an sich unpersönlich und leicht austauschbar. Sie wären nur Mittel zum Zweck. Nach der Stillung eines Bedürfnisses könntest du die dazugehörige Geschichte einfach fallen lassen wie eine heiße Kartoffel. Oder wie Kinder ein gebrauchtes Spielzeug, wenn etwas Neues ihre Aufmerksamkeit erregt.

Das tust du aber meistens nicht.

Wahrscheinlich kannst oder willst du deine Gedanken, Vorstellungen und Glaubenssätze ganz und gar nicht einfach ablegen wie alte Kleider. Vermutlich deshalb, weil du, wie wir alle, an deine Geschichten glaubst. Es mag sein, dass du nicht an alle Geschichten glaubst, die du denkst, aber es ist nicht möglich, an nichts zu glauben (denn dann glaubst du, dass du nichts glaubst).

Perfekt!

Glauben ist bei den Schwebedialogen das Beste, was du tun kannst, einfach deswegen, weil es das ist, was du sowieso tust.

Und das ist gut so.

Was hat glauben nun aber mit dem rätselhaften In-der-Schwebe-Halten zu tun?

Die wesentliche Frage bei den Schwebedialogen in diesem Zusammenhang lautet: Bemerkst du, dass du glaubst? Bist du dir dessen bewusst, dass das, was du glaubst, zu der Wirklichkeit wird, in der du lebst, weil du es glaubst? Wenn du beispielsweise blonde

Haare hast und ein Kollege dich als schwarzhaarig bezeichnet, welche Wirkung hat diese Aussage auf dich? Gar keine, weil du ihm ja ohnehin nicht glaubst? Oder glaubst du, er wäre unzurechnungsfähig, weil er blond für schwarz hält? Oder bist du genervt, weil du glaubst, dass er einen schlechten Scherz mit dir macht? Ein anderes Beispiel: Deine Tante meint beim Familientreffen, du hättest zugenommen. Bist du verzweifelt, weil du glaubst, zu dick zu sein? Oder bedankst du dich für das Kompliment, weil du lange krank warst und glaubst, endlich wieder gesund auszusehen?

Informationen haben eine Wirkung auf dich und diese hängt zu hundert Prozent davon ab, was du gerade glaubst. Alles, was du glaubst, einschließlich des Glaubens daran, dass du etwas nicht glaubst, ist das, worauf du dich beziehst. Worauf solltest du dich auch sonst beziehen? Besonders die Geschichten, die du bereits in deiner Kindheit zu glauben begonnen hast, sind mittlerweile wahrscheinlich ein so selbstverständlicher Teil deines Selbstbildes, dass dir vielleicht gar nicht bewusst ist, dass du sie glaubst und ihnen dadurch die Macht gibst, die sie auf dich ausüben.

Und das ist gut so.

Denn du kannst nicht nicht glauben, was du glaubst.

Aber du kannst bemerken, *dass* du glaubst!

Wenn du also im Rahmen der Schwebedialoge deine Gedanken und Vorstellungen in der Schwebe halten willst, dann kannst du das ganz einfach tun, indem du dir bewusst machst, dass du sie zu deiner Realität machst, indem du an sie glaubst.

Das ist alles.

Bei den Schwebedialogen geht es nicht darum, irgendetwas an dieser selbst geschaffenen Wirklichkeit zu verändern, sondern darum, sie so gut wie möglich auszudrücken, um sie besser kennen und verstehen zu lernen.

Die Hypothese dahinter:

Alle Geschichten und Gedanken, die in deinem inneren Kopfkino ablaufen, wirken sich unweigerlich auf jede Lebenssituation aus, in der du dich befindest. Sie bilden die Brille, durch die alle Informationen, Wahrnehmungen und Eindrücke gefiltert werden, und sie erschaffen damit die Realität, auf die du dich beziehst.

Auch wenn wir die meisten Dinge, die in uns vorgehen, nicht aussprechen, sind sie dennoch da und geben in Wahrheit den Ton an. Die Gedankenwolke, die wir alle im Kopf haben, erzeugt die Welt, in der wir leben. Ob es uns passt oder nicht.

Das Raffinierte bei den Schwebedialogen ist: Du hast die Möglichkeit, die Dinge einfach genau so auszudrücken, wie sie gerade in dir da sind, ohne daran herumzudoktern zu müssen.

Aber das ist noch nicht alles:

Bei den Schwebedialogen machen wir nicht den geringsten Unterschied zwischen den einfachen, banalen Problemgeschichten unseres Alltags, den großen Dramen der globalen Welt oder den individuellen Leidensgeschichten, die uns seit der Kindheit begleiten. Sie alle bilden den Tanz unseres Lebens, sie sind die Gedankenbewegungen, die uns ausmachen. Hier sind alle Gedanken gleichbedeutend. Jeder einzelne von ihnen ist es wert, gehört zu werden, weil er dem Zweck dient, unseren Bedürfnissen Ausdruck zu verleihen.

Unsere Gedankenwolke mag dabei nicht immer einer nachvollziehbaren Logik folgen, manchmal sogar widersprüchlich oder lächerlich erscheinen. Sie kann sich von einem Augenblick auf den anderen radikal verändern, beispielsweise im Zuge einschneidender Erlebnisse, die unser komplettes Weltbild über den Haufen werfen können. Was jetzt, in diesem Augenblick, noch das Wichtigste ist, kann im nächsten Moment schon komplett in den Hintergrund rücken. Die Inhalte unserer Geschichten sind austauschbar. Sie sind bunt, vielseitig und dauernd in Bewegung. Schwebedialoge sind eine Einladung, diesem Tanz in deinem Kopf Ausdruck zu verleihen!

Und dann kommt der Clou: Du hast die Möglichkeit, das, was du gehört und gesehen hast, und alles, was du darüber denkst, »in der Schwebe« zu halten, indem du dich daran erinnerst, dass du es zur Wirklichkeit machst, indem du es glaubst.

Das ist alles!

In der Schwebe halten bedeutet, dass du dir die Freiheit nimmst, deine gewaltigen Gedankengebäude ein Stück weit vom Boden abheben und sie frei im Raum schweben zu lassen.

Denn sie haben kein Gewicht, wenn du nicht an sie glaubst.

Und das ist gut so.

In diesem Sinne …

Lass uns abheben, experimentieren und spielen! Denn unsere Gedanken sind frei!

Jetzt und immer.

2. Teil

Methode

Im Hauptteil werden wir dir das Kommunikationsformat Schwebedialog in einer Schritt-für-Schritt-Anleitung erklären. Anhand von konkreten und vollständigen Beispieldialogen kannst du das Format kennenlernen und ein Gefühl dafür bekommen, wie du es in unterschiedlichen Kontexten einsetzen kannst.

Dein erster Schwebedialog

oder

Es ist Zeit abzuheben!

Jetzt kann es losgehen! Schnapp dir ein paar Blätter Papier, Schreibzeug und bunte Stifte.

Für einen Schwebedialog mit mehreren Personen brauchst du eine Moderatorin oder einen Moderator. Die Teilnehmeranzahl sollte zwischen zwei und sechs Personen liegen. Wenn du den Schwebedialog mit Freunden oder deiner Familie machst, kann die Person, die moderiert, zugleich auch selbst teilnehmen. Im beruflichen Umfeld empfehlen wir unbedingt eine professionelle Moderation, die nicht zum Kreis der Teilnehmer*innen gehört.

Als Faustregel für die Zeitplanung rechnen wir etwa fünfzehn Minuten pro Person, plus etwas Zeit für die Einführung und den Abschluss. Seid ihr zu zweit, wären also fünfundvierzig Minuten ideal, damit ihr ausreichend Raum für Einführung, Fragen und eventuell eine kurze Nachbesprechung habt. Bei regelmäßiger Anwendung geht es erfahrungsgemäß schneller, aber es ist sinnvoll, großzügig zu planen, damit kein Zeitdruck entsteht.

Eine der Stärken des Formats liegt darin, dass man sich bewusst eine Pause von der Geschäftigkeit des Alltags gönnt, ein wenig Raum für sich selbst. Jede*r darf sich so viel Zeit nehmen, wie er*sie braucht, die dadurch entstehenden stillen Momente sind erwünscht. Smartphones und andere Kommunikationsgeräte sollten ausgeschaltet werden.

Wir beginnen unsere Schwebedialoge zu einer vereinbarten Zeit pünktlich, ein späteres Quereinsteigen für Zuspätkommende ist nicht möglich, genauso wenig wie ein früheres Abbrechen. Alle Teilnehmenden sollten aus freien Stücken dabei sein, man hat auch die Möglichkeit, ohne Angabe von Gründen, auch noch kurz vorher, abzusagen. Wer da ist, ist da, wer nicht, nicht. Die Runde ist immer genau richtig, so wie sie ist.

Der Schwebedialog findet dann in vier Schritten statt.

1. Schritt: Landen

Hier gehts darum, anzukommen und gemeinsam zunächst einmal festen Boden unter die Füße zu bekommen. Wir legen unsere Handys und jegliche Ablenkung beiseite und schaffen einen gemeinsamen ruhigen Ausgangspunkt. Die Moderation erklärt, was dich beim Schwebedialog erwartet, erläutert den Ablauf und die Regeln.

2. Schritt: Gestalten

Im nächsten Schritt geht's um das Gestalten der Schwebedialogkarten. Alle sind im gleichen Raum, aber jede*r gestaltet seine*ihre Karten in aller Ruhe für sich allein, die anderen sollen die Karten noch nicht sehen. Hier stehen deine persönlichen Empfindungen und Gedanken im Vordergrund. Was bewegt dich gerade? Du hast hier die Gelegenheit, in Ruhe in dich hineinzuhören und zu erkunden, was du abseits des Alltäglichen mit den anderen teilen möchtest.

3. Schritt: Präsentieren

Nachdem alle ihre Karten gestaltet haben, folgt das Präsentieren. In dieser Phase teilst du deine Gedanken und Gefühle mit der Gruppe und bekommst gleichzeitig die Möglichkeit, die Ansichten der anderen Teilnehmenden kennenzulernen.

4. Schritt: Abheben

Zum Schluss zeigt die Moderation Wege auf, wie du die gewonnenen Erfahrungen und Erkenntnisse nun in der Schwebe halten kannst, ohne sofort Schlüsse zu ziehen, Lösungen zu entwickeln und konkrete Maßnahmen einzuleiten. Es geht darum, dem Erleben Zeit zum Reifen zu geben.

Im Folgenden gehen wir auf jeden Schritt im Ablauf ausführlich ein und erklären dir, worauf du jeweils achten musst. Es ist sicher nicht immer leicht, sofort zu verstehen, worauf es bei einem Schwebedialog ankommt, wenn du selbst noch nie einen erlebt hast. Wenn du also schnell einmal einen ersten Eindruck bekommen möchtest, wie so ein Schwebedialog aussehen kann, empfehlen wir dir, einen kurzen Blick in die Beispieldialoge auf Seite 82 zu werfen. Auch wenn du die Fragen und Aufgaben noch nicht im Detail kennst, bekommst du doch ein Gefühl, das es dir erleichtern kann, dir unter den folgenden Anleitungen etwas vorzustellen!

1. Schritt: Landen

Nimm dir im Schwebedialog bitte etwa eine Viertelstunde Zeit für diesen Abschnitt.

Intro

Als Moderator*in legst du zu Beginn kurz dar, wie alles abläuft, mit den *Schritten Landen, Gestalten, Präsentieren* und *Abheben*. Du gibst einen Überblick über den zeitlichen Rahmen und erinnerst alle freundlich daran, ihre Handys und andere elektronische Störenfriede bitte auszuschalten.

In die richtige Stimmung kommen

Ein Schwebedialog soll eine Auszeit von der Geschäftigkeit und dem Stress des Alltags sein, und dafür brauchen wir die passende Atmosphäre. Und diese ist gar nicht so schwer herzustellen, denn die Haltung, die wir für einen Schwebedialog brauchen, lautet ganz simpel:

»Ich habe keine Ahnung.«

Egal, welche Fragen dir am Anfang durch den Kopf gehen – etwa, was jetzt vielleicht als Nächstes kommt oder was das alles soll oder bedeutet –, die Antwort ist in jedem Fall dieselbe. Und du kannst sie dir auch gleich selbst geben:

»Ich habe keine Ahnung.«

Das ist der Schlüssel in jedem Schwebedialog!

Du musst nicht ***wissen***.

Du musst nicht ***verstehen***.

Und du musst keine ***Meinung*** haben.

Für viele ist das zu Beginn eine Umstellung. Deswegen lädst du als Moderator*in auch alle ein, sich auf das Abenteuer des Nichtwissens bewusst einzulassen.

Um den Teilnehmenden das zu erleichtern, laden wir sie dazu ein, mit unserem einfachen Schwebesatz sanft und sicher auf der richtigen Welle zu landen:

»Bitte erlaube mir,
mein Herz zu öffnen
und keine Ahnung zu haben.«

Der Satz kann von dir als Moderator*in vorgesprochen werden oder jede*r sagt ihn still für sich. Dabei spielt es keine Rolle, an wen die Bitte gerichtet wird – an einen selbst oder an das Universum –, jede*r soll es so machen, wie es sich stimmig anfühlt.

Er eignet sich übrigens auch für die Verwendung im Alltag – in Dauerschleife wiederholt oder einfach bei Bedarf gezückt –, immer dann, wenn dir danach ist, den Kopf frei zu bekommen und dich von der Brise der Ahnungslosigkeit weitertragen zu lassen.

Aber nimm das alles bitte nicht zu genau. Es geht vor allem darum, deinen Geist locker zu machen. Du musst nicht auf alles eine Antwort haben. Nicht alles braucht ein Konzept. Du musst nicht alles verstehen und schon gar nicht immer eine Lösung parat haben.

Also: *»Ich habe keine Ahnung.«*

Das hilft dir, dich auf den Schwebedialog einzustimmen, bei dem es nicht darum gehen wird, besonders locker oder ernst oder souverän oder sonst irgendwie zu sein, sondern einfach nur offen für alles, was kommt. Mehr ist es nicht.

Wenn es am Ende des Dialogs dann ans Abheben geht, kommt unser einfacher Schwebesatz wieder ins Spiel. Er wird dich dabei unterstützen, alles, was besprochen wurde, in der Schwebe zu halten.

Die Schwebedialogkarten vorstellen

Als Moderator*in erklärst du jetzt kurz, wie die Schwebedialogkarten funktionieren. Es gibt folgende Karten:

1. Karte: das Schwebebild
2. Karte: die Bedürfniskarte
3. Karte: die Energiekarte

Geisteshaltung erläutern

Jetzt erklärst du als Moderator*in kurz die Grundlagen der Methode. Wir fassen hier nur die wichtigsten Punkte für dich zusammen:

- Bei einem Schwebedialog geht es darum, möglichst schnell und umfassend mit dir selbst und anderen in Kontakt zu kommen. Er soll Orientierung darüber geben, welche Themen und Bedürfnisse gerade im Raum stehen und die Teilnehmenden tatsächlich bewegen.

- Alle Themen, Gedanken und Gefühle können nur in **Geschichten**form in unserem Bewusstsein ankommen.

- Auch **Bedürfnisse** werden uns nur durch Bedürfnisgeschichten bewusst. Aber das Bedürfnis selbst ist keine Geschichte. Ein nützliches Beispiel dazu für deine Moderation: Wenn du Durst hast, ist *»Ich habe Durst«* eine passende Geschichte. Das eigentliche (lebenswichtige) Bedürfnis nach Flüssigkeit ist aber keine Geschichte. Es wird dir nur als Geschichte bewusst. Und diese Geschichten können sehr unterschiedlich sein: *»Ich sollte trinken«* oder *»Ich hätte jetzt Lust auf einen kühlen Eistee«* oder *»Ich freue mich schon auf ein erfrischendes Glas sprudelndes Mineralwasser«* und so weiter.

- **Meine Geschichte muss nicht deine Geschichte sein.** In unseren Geschichten drücken wir alle unsere Bedürfnisse aus, jede*r auf einzigartige Weise. Jetzt haben wir die seltene Chance, sie so zu teilen, wie wir sie erleben. Wir können sie entspannt austauschen, ohne uns rechtfertigen zu müssen, ohne Lösungen parat zu haben und ohne den Anspruch, uns mit irgendjemandem über irgendetwas einig sein zu wollen.

Wenn alle Verständnisfragen geklärt sind und die Teilnehmenden mit drei Blatt Papier und einem Haufen bunter Stifte für die Erstellung der eigenen Schwebedialogkarten ausgestattet sind, kann es losgehen!

2. Schritt: Gestalten der Schwebedialogkarten

Die Kernelemente jedes Schwebedialogs bilden drei Karten, jeweils A4-Blätter, die sich aus verschiedenen Aufgaben und Fragen zusammensetzen.

1. Karte: das Schwebebild

2. Karte: die Bedürfniskarte

3. Karte: die Energiekarte

Die Fragen und Aufgaben auf den einzelnen Karten sind so zusammengestellt, dass die Aufmerksamkeit möglichst nicht bei einzelnen Punkten hängen bleiben kann, sondern immer wieder auf das Große und Ganze gerichtet wird. Welche Inhalte in diesem Panorama vorkommen, bestimmen die Teilnehmenden selbst. Sie identifizieren die augenblickliche Gewichtung relevanter Themen, erkunden ihre Bedürfnisse und beobachten, wohin die Energien gerade fließen beziehungsweise wo sie gebunden sind.

Die drei Schwebedialogkarten ergänzen sich gegenseitig, jede einzelne ist unverzichtbar. Sie sollten bei allen Schwebedialogen konsequent der Reihenfolge nach erstellt werden.

Auf den folgenden Seiten stellen wir alle Karten vor, erklären dir, was ihr Zweck ist und worauf es beim Erstellen ankommt.

Das Schwebebild

Als Erstes erstellst du dein Schwebebild, das Herzstück eines jeden Schwebedialogs. Seid ihr zu zweit oder mehr, dann zunächst jede*r für sich selbst, und zwar so, dass die*der andere es noch nicht sehen kann!

Schriftlich und bildlich kannst du hier alle Themen darstellen, die für dich im aktuellen Kontext wichtig sind.

Du hast wahrscheinlich, wie wir alle, ständig irgendwelche Gedanken im Kopf. Zum Beispiel darüber, was du noch zu erledigen hast, worüber du dich ärgerst, was du dir vorgenommen hast, was andere tun oder nicht tun sollten, was dir Angst oder Sorge bereitet, weswegen du ein schlechtes Gewissen hast, worauf du stolz bist oder worauf du dich freust, was du erreichen, schaffen oder erleben willst und so weiter.

Dabei fokussiert dein innerer Monolog eher selten einen bestimmten der vielen Gedanken, die in deinem Kopf umherschwirren, sondern er tanzt vielmehr »auf mehreren Hochzeiten«. In einem der noch folgenden Beispieldialoge ist Annelise vor dem Dialog in folgender Situation: Während sie einen Bericht für ihren Job schreibt, überlegt sie, wann die Kinder zum Essen kommen, was sie kochen und einkaufen soll, dass sie die kranke Großmutter noch anrufen muss, joggen gehen sollte, und sie ärgert sich über eine Kollegin, die sie bei einer wichtigen Entscheidung wieder einmal übergangen hat.

Du hast oft viele scheinbar unzusammenhängende Dinge im Kopf. Dieses Knäuel aus verschiedenen Fäden, die du Tag für Tag zusammenzuhalten versuchst, nennen wir bei den Schwebedialogen die »Gedankenwolke«. Ein Schwebebild ist wie eine Momentaufnahme, ein Schnappschuss dieser Gedankenwolke.

Das Wichtigste bei der Gestaltung des Schwebebildes ist: Denke nicht allzu viel darüber nach! Denn es geht hier nicht darum, eine konsistente Darstellung deiner inneren Welt zu liefern. Bei einem Schwebebild kannst du alle Themen, die gerade in dir auftauchen, einfach auf das Papier »fallen lassen«. Dabei muss dein Schwebebild keinerlei Logik folgen oder für irgendjemanden nachvollziehbar sein – nicht einmal du selbst musst es verstehen. Manche Dinge, die spontan auf dem Papier landen, können durchaus auch für dich überraschend sein!

Aber keine Sorge: Ein Schwebebild ist kein Seelenstriptease. Es ist vielmehr eine Einladung, ehrlich in dich hineinzuschauen und hineinzuhören. Was du dann letztendlich präsentieren willst, entscheidest du selbst. Nur du bestimmst, was du in dieser konkreten Schwebedialogrunde auch wirklich preisgeben willst.

Unserer Erfahrung nach bilden sich meistens zwei bis fünf Themencluster aus Arbeits- und Privatleben, laufenden Projekten, Vorhaben, über die du nachdenkst, oder Veränderungen, die dich gerade in Anspruch nehmen.

Das Schwebebild veranschaulicht, was von dir Aufmerksamkeit bekommt und/oder braucht. Das Ergebnis ist sowohl in der Form als auch vom Inhalt her völlig offen.

Wie gesagt, es geht um die Geschichten in deinem Kopf.

Um deine eigene Wirklichkeit.

Darum, wie dein Leben jetzt im Moment für dich gerade ist. Es gibt kein richtig oder falsch, kein wahr oder fantasiert, kein wichtig oder nebensächlich. Nur du allein bestimmst, welche Themen für dich gerade relevant sind und welche du in diesem Schwebedialog mit den anderen teilen möchtest. Dein Schwebebild ist in jedem Fall perfekt, so wie es ist. Du kannst nichts falsch machen. Es gibt kein besseres, reiferes, kreativeres oder schöneres Schwebebild.

Selbst ein unbeschriebenes Blatt wäre ein vollständiges Schwebebild, wenn es als solches vorgestellt wird. Es drückt genau das aus, was jetzt ausgedrückt werden will. Nicht mehr und nicht weniger. Es ist eine Momentaufnahme, die schon in wenigen Minuten ganz anders aussehen kann.

Was ist der Zweck eines Schwebebildes?

Schwebebilder geben einen Überblick über alle Themen, die sich auf einen bestimmten Kontext, beispielweise die Arbeit, die Familie oder die momentane Lebenssituation, auswirken.

Die Qualität liegt in der Sichtbarmachung all jener Dinge, die im Moment tatsächlich Aufmerksamkeit beanspruchen oder Energie verbrauchen, also unweigerlich bei allem, was wir tun, mitwirken. Du bekommst innerhalb kürzester Zeit Zugang zu einem relevanten und einflussreichen Teil in dir. Es werden Themen sichtbar, die dir im Alltag mitunter gar nicht erst bewusst werden oder die als nicht beachtenswert unter den Tisch fallen.

Mit dem Schwebebild skizzierst du eine subjektive Landkarte all dessen, was dich gerade beschäftigt. Ein besonderer Effekt einer solchen Visualisierung beruht nicht zuletzt darauf, dass es gerade die scheinbaren Nebensächlichkeiten sein können, die dir viel Kraft und Aufmerksamkeit abverlangen. Es kann auch sein, dass dein Schwebebild nur wenig mit den Vorstellungen der anderen übereinstimmt, wofür und wie viel Energie du einsetzen solltest.

Eine Hypothese ist: Unserem Körper steht in seiner Gesamtheit eine Informations- und Wissensfülle zur Verfügung, die von unserem Gehirn, das dauernd damit beschäftigt ist, alles in logische Geschichten mit kausalen Zusammenhängen zu verpacken, nicht einmal ansatzweise vollständig verarbeitet werden kann. Durch das Angebot, für keines der im Schwebedialog angesprochenen Themen irgendeine Lösung finden zu müssen, fällt es leichter, hinzuschauen und in echten Kontakt zu kommen mit dem, was ist. Schwebebilder müssen nicht rational verstanden werden. Es geht darum, sie zu sehen und ihnen zuzuhören.

Erstellen des Schwebebildes

Ein Schwebebild ist sowohl in der Form als auch vom Inhalt her vollkommen frei und offen.

Alles ist erlaubt!

Wir empfehlen, das Schwebebild grafisch zu gestalten. So wird die rechte, intuitive Gehirnhälfte aktiviert und ein Arbeiten aus dem Bauch heraus gefördert. Es bleibt aber dir überlassen, welche Darstellungsform für dich gerade am besten passt, zeichnen oder schreiben oder beides kombiniert oder wie auch immer.

Die roten und grünen Energiepunkte

Sobald du das Gefühl hast, dein Schwebebild ist fertig, kannst du zusätzlich noch mit *grünen Punkten* alles markieren, was von dir gerade besonders viel Aufmerksamkeit und Energie bekommt. *Rote Punkte* setzt du bei all dem, was aus deiner Sicht mehr Energie benötigen würde. Du kannst Themen auch grün und rot gleichzeitig markieren, wenn sie deine Aufmerksamkeit sowohl bekommen als auch noch mehr benötigen.

Wichtig ist, dass du beim Erstellen des Schwebebildes und auch bei der Vergabe der Punkte möglichst deinem Gefühl folgst und nicht rationalen Überlegungen. Am besten ist, du denkst gar nicht allzu viel darüber nach. Dein Schwebebild ist in jedem Fall perfekt. So, wie es ist.

Worauf kommt es beim Erstellen des Schwebebildes an?

Nimm dir für das Gestalten deines Schwebebilds so viele Freiheiten, wie du willst. Es geht darum, aus dem Bauch heraus zu arbeiten und so wenig wie möglich zu zensieren. Hier ist alles erlaubt. Schwebebilder sind eine Einladung zum Experimentieren und Spielen. Wir haben die Erfahrung gemacht, dass in Schwebebildern auch schon frühzeitig Themen sichtbar werden können, mitunter noch bevor wir sie mit unserem Verstand für plausibel erachten. Manchmal mögen uns Bilder und Themen im ersten Augenblick unlogisch oder unpassend erscheinen. Aber du kannst darauf vertrauen: Alles, was in deinem Schwebebild auftaucht, gehört auch genau dort hin! Manchmal braucht es Zeit, bis wir in dem scheinbaren Chaos in unserem Kopf auch eine immanente Ordnung erkennen können. Lass dich überraschen und dein Schwebebild ganz von selbst entstehen und du wirst sehen, es zahlt sich aus!

Tipps für die Schwebebildkarte

Alles herunterfahren

Während des Erstellens des Schwebebildes gibt es ein paar einfache Spielregeln zu beachten. Es ist eine Zeit der Stille und inneren Einkehr, in der sich alle Anwesenden ihren Gedankenwolken widmen und diese zu Papier bringen. Wichtig ist hier, die Ruhe zu wahren, also kein Smartphone, kein Getuschel oder Geblödel. Solltest du früher fertig sein und der*die andere*n noch beim Gestalten sein, kannst du die Gelegenheit nutzen und die gemeinsame Stille genießen.

Zeit nehmen

Wir haben die Zeitdauer für die Erstellung einer Karte eingangs mit etwa fünfzehn Minuten beziffert. Diese Angabe dient wirklich nur der Orientierung, du solltest sie bitte nicht allzu genau nehmen. Alle sollen genau die Zeit bekommen, die sie brauchen. Bitte setze deshalb für den Schwebedialog insgesamt kein strenges Zeitlimit, auch wenn es noch so ungewohnt sein mag. Wenn ihr beispielsweise zu viert seid und einen Zeitrahmen von eineinhalb Stunden festlegt, sollten eventuelle Anschlusstermine nicht vor zweieinhalb Stunden nach Beginn des Schwebedialogs gelegt werden. Denn erst durch genügend freien Zeitraum kann auch wirklich Ruhe entstehen. Ein Schwebedialog ist ein Ort, ein Raum, eine Zeit, in der nichts sein muss und alles sein darf. Das Motto lautet: sich selbst Zeit nehmen, den anderen Zeit geben!

Schweben genießen

Während des Erstellens der Karten herrscht immer eine angenehme Ruhe im Raum. So beginnt der »Dialog« bereits mit der Stimmung, die auch den Rest dieses Zusammenseins prägen wird: eine Atmosphäre konzentrierter Leichtigkeit und konsequenten Bei-sich-Seins, gepaart mit kompromisslosem Hinsehen und Zuhören.

Falls du den Dialog mit anderen machst, legst du nun das Schwebebild zur Seite, sodass man es noch nicht sehen kann, und beginnst mit der nächsten Karte. Die Karten werden erst hergezeigt, wenn alle Beteiligten mit allen drei Karten fertig sind!

Die Bedürfniskarte

Die Hypothese hinter der Bedürfniskarte ist, dass es alle möglichen Dinge gibt, von denen wir glauben, sie (von anderen) zu brauchen. Dabei geht es in Wahrheit nicht nur um die eigentlichen Bedürfnisse selbst, sondern um die Glaubenssätze, Geschichten und Vorstellungen, die wir uns rund um unsere Bedürfnisse herum zurechtgelegt haben.

Das Bedürfnis nach Nahrung könnte zum Beispiel auf vielerlei Weise befriedigt werden. Aber die Annahmen, nach welchen Kriterien genau wir uns ernähren sollten oder müssten, engen die Möglichkeiten mitunter drastisch ein. Rund um das Essen kreisen etwa in unserem Kulturkreis so viele

Zielsetzungen, dass es unerreichbar scheint, diese auch erfüllen zu können: Nahrung sollte frisch, unbehandelt, biologisch, regional, glutenfrei, hefefrei, zuckerfrei, ohne chemische Zusatzstoffe, fair gehandelt, nicht in Plastik verpackt, vegetarisch, vegan, plant-based, low carb, low fat, mit niedrigem glykämischen Index, schmackhaft, günstig und in fünfzehn Minuten fertig zubereitet sein!

Unsere Bedürfnisse sind umhüllt von unseren Bedürfnisgeschichten und wir selbst sind es, die diese Geschichten, die wir um unsere Bedürfnisse herum entwickelt haben, glauben.

Was ist der Zweck der Bedürfniskarte?

Wie du dir wahrscheinlich schon denken kannst, geht es auch bei der Bedürfniskarte wieder um Geschichten. Es geht um das, was du von anderen zu brauchen glaubst. Der Wert einer Bedürfniskarte liegt nicht darin, jemanden aufzufordern, dir zu geben, was du brauchst, sondern Klarheit darüber zu schaffen, was wer von wem zu brauchen glaubt.

Das ist alles.

Erstellen der Bedürfniskarte

Die Bedürfniskarte gestaltest du auf dem zweiten deiner drei A4-Blätter. Du notierst, *was* du von *wem* brauchst.

Wichtig ist dabei, keine Bedingungen oder Begründungen wie »weil«, »dringend« oder »unbedingt« hinzuzufügen. Bleibe so direkt wie möglich bei der Benennung deiner Bedürfnisse, knapp und klar. Du kannst sie an die Anwesenden adressieren, an dich selbst, an Nicht-Anwesende, an Gemeinschaften, Systeme oder die ganze Welt, das ist völlig frei.

Wir empfehlen, dass du jedes Bedürfnis immer in der gleichen Satzstruktur formulierst:

Von … brauche ich …

Es geht hier um jene Geschichten, die konkret von deinen Bedürfnissen handeln, und einzig und allein darum, diese direkt auszusprechen. Ohne Ergebniszwang und ohne Relativierung. Es geht um das, was du zu brauchen *glaubst.*

Aber verpacke diese Sichtweise bitte nicht in einen Satz wie »Ich glaube zu brauchen, dass …«, denn das wäre nicht mehr direkt und unverblümt. In einem Schwebedialog geht es um Klarheit über das, was in uns da ist. Und das wird anschließend in der Schwebe gehalten. Damit erübrigen sich Zusätze wie »Ich glaube …«. Wir drücken die Gedanken in unserem Kopf ganz einfach so aus, wie sie eben da sind. Jeder Versuch, das, was da ist, in eine bessere, reifere oder klügere Version zu bringen, wäre lediglich eine neue Geschichte, die davon erzählt, dass wir glauben, dass das, was wir wirklich denken, noch nicht gut genug ist. Hier besteht aber die explizite Einladung für jene Geschichten, die lauten: »Ich *brauche* …«.

Worauf kommt es beim Erstellen der Bedürfniskarte an?

Es geht vor allem darum, in Kontakt zu sein und gehört zu werden. Das, was du zu brauchen glaubst, kann niemals falsch sein oder übergriffig wirken, solange du dir dessen bewusst bist, dass du es bist, der*die an die Geschichte glaubt. Die Bedürfnisgeschichten erfüllen den wichtigen Zweck, eine Verbindung zu schaffen zwischen deinen Bedürfnissen und den Ressourcen der Welt. Werden sie nicht erzählt, haben sie auch keine Chance, wahrgenommen zu werden.

Noch ein Tipp: Konzentriere dich auf Bedürfnisse, die gerade besonders präsent sind. Also auf solche, bei denen du wirklich überzeugt bist, dass sie für deine nächsten Schritte oder für dein Wohlbefinden eine große Bedeutung haben. Erfahrungsgemäß sind es selten mehr als fünf Punkte, die aktuell relevant sind.

Tipps und Regeln für die Bedürfniskarte

Frei sein

Es ist wichtig zu beachten, dass mit der Bedürfniskarte in keiner Weise eine Aufforderung oder eine Bitte an die Adressierten verbunden ist! Jede*r spricht ausschließlich von sich und dem, was er*sie glaubt, von jemandem zu brauchen. Wie die angesprochene Person mit dieser Information umgeht, steht ihr völlig frei.

Stilles Zuhören

Im Rahmen des Schwebedialogs ist es nicht erlaubt, auf die ausformulierten Bedürfnisse der anderen Bezug zu nehmen. Es geht ausschließlich um Klarheit und Ausdruck. Es geht nur um das, was in der teilnehmenden Person vor sich geht und was ihr wichtig ist, was sie von anderen zu brauchen glaubt. Sie drückt ihre innere Wirklichkeit aus, so wie sie es im Augenblick wahrnimmt. Nicht mehr und nicht weniger. An dieser Stelle hat sich immer wieder gezeigt, dass eine unmissverständliche Moderation und Konsequenz beim Einhalten der Spielregeln unbedingt notwendig sind. Die Bedürfniskarte soll nicht dafür benutzt werden, sich gegenseitig Erwartungen oder schwelende Konflikte unter die Nase zu reiben. (In Konfliktsituationen kann es erforderlich sein, einige zusätzliche Punkte zu berücksichtigen, auf die wir später noch näher eingehen werden.)

Schweben genießen

Wieder schreibst du die Karte zunächst nur für dich, in Ruhe. Es ist eine Zeit der gemeinschaftlichen inneren Einkehr.

Falls du den Dialog mit anderen machst, legst du nun die Bedürfniskarte zur Seite, sodass man sie noch nicht sehen kann, und beginnst mit der letzten Karte. Die Karten werden erst hergezeigt, wenn alle Beteiligten mit allen drei Karten fertig sind!

Die Energiekarte

Dein Kopf ist wahrscheinlich oft voll von Vorstellungen und Plänen, was du alles tun musst, solltest oder gerne tun würdest. Aber welche Dinge du tatsächlich machst, welche Pläne du verfolgst und welche Projekte du tatsächlich umsetzt, hängt im Wesentlichen davon ab, wohin deine Energiekraft tatsächlich fließt. Dabei gibt es zwei Faktoren, die für die Verteilung deiner Energieressourcen besonders ausschlaggebend sind: Zum einen ist es Druck, also die gefühlt dringende Notwendigkeit, etwas zu erledigen. Zum anderen sind es Lust und Freude, die dich maßgeblich dazu antreiben, deine Kraft und Energie in bestimmte Tätigkeiten zu investieren.

Bei der Energiekarte geht es darum, deine realen Energieflüsse sichtbar zu machen, also darzustellen, wie du sie im Augenblick empfindest.

Die Energiekarte besteht aus drei Teilen: E+ (gesprochen »E Plus«), E– (»E Minus«) und die wesentliche Frage (WF).

E+ und E– fokussieren dabei deine kurzfristige Energieverteilung, wir nennen es hier »die ganz konkreten Alltagsenergien«, die du tagtäglich zu verteilen hast (dazu gleich mehr).

Bei der wesentlichen Frage geht es um einen größeren Bogen, das heißt um ein Thema, das dich insgesamt bewegt, das vielleicht diffus und unkonkret ist, aber dennoch aktiv in dir wirkt.

Was ist der Zweck der Energiekarte?

Mit der Energiekarte gewinnst du Klarheit über deinen inneren Energie- oder Krafthaushalt. Du wirst dir deiner momentanen persönlichen Energieflüsse und damit deiner tatsächlichen inneren Ressourcenverteilung und deren Gewichtung bewusst.

Erstellen der Energiekarte

E+

Du schreibst in kurzen Worten auf, worauf du gerade am meisten Lust hast, wohin es dich zieht, wohin deine Energie im Moment wie von selbst fließt, was dir am meisten Spaß macht oder einfach perfekt läuft.

E–

Hier nennst du das, was dich im Moment besonders beschäftigt, aber noch nicht richtig in Gang gekommen ist, noch nicht richtig Fahrt aufgenommen hat, noch nicht richtig im Fluss ist. Das kann eine Tätigkeit sein, die drängt, aber keinen Spaß macht. Eine Aufgabe, die du mit schlechtem Gewissen vor dir herschiebst. Oder ein Problem, bei dem du einfach noch nicht weißt, wie du es angehen sollst. Kurz gesagt: E– beschreibt den Bereich, in dem du energetisch gerade am meisten blockiert bist. Hier baut sich Druck auf, das heißt, hier staut sich Energie. Diese Energie wird gebraucht, kann aber noch nicht in Handlung umgesetzt werden.

Die wesentliche Frage

Zum Schluss stellst du dir deine »wesentliche Frage«. Sie ist an niemanden konkret gerichtet und muss auch von niemandem beantwortet werden können. Bei der wesentlichen Frage geht es um das, was dich im Innersten bewegt, eine Frage aus deinem Bauch heraus, wie sie oft nur das Leben selbst beantworten kann. Zum Beispiel: »Werde ich je Fuß fassen können in dieser Welt, Boden unter die Füße bekommen?« Oder: »Werde ich dieses Projekt zu Ende bringen können?« Oder: »Kann ich meine Ziele wirklich erreichen?« Und so weiter …

Worauf kommt es beim Erstellen der Energiekarte an?

Wenn du dich erinnerst: Auf dem Schwebebild konntest du Aspekte des Energieflusses mit grünen und roten Punkten markieren – grün für das, was von dir gerade besonders viel Aufmerksamkeit bekommt, rot für das, was deiner Meinung nach mehr Energie bräuchte.

Bei E+ und E– geht es nun um eine nähere Bestimmung. Das heißt, hier wird jeweils nur ein Thema fokussiert, nämlich das, was dir gerade am meisten Energie spenden kann (E+), und das, was momentan den größten Teil deiner Energie blockiert (E–).

Die wesentliche Frage beleuchtet abschließend dein Leben als Ganzes, und zwar in Form einer Fragestellung, die über allem steht und in dir arbeitet. Du hast noch keine Antwort, vielleicht wirst du nie eine finden, oder sie taucht schon morgen auf. Die konkrete Antwort ist nicht wichtig. Wir haben die Erfahrung gemacht, dass sich allein durch das Formulieren der wesentlichen Frage in weiterer Folge erstaunliche Antworten wie von selbst ergeben.

Tipps für die Energiekarte

Gehört und gesehen werden

Obwohl du die wesentliche Frage eigentlich an dich selbst richtest (oder ganz allgemein an die Welt da draußen), wirst du später noch eingeladen sein, sie auch in der Runde vorzulesen, da sie für alle Teilnehmenden viel zum Verständnis deiner inneren Welt beitragen kann. Sollte es dir bei dieser Frage aber unangenehm sein, sie vor allen auszusprechen, kannst du sie auch gerne ohne Angabe von Gründen einfach für dich behalten.

Wie gesagt, sprich nichts an, was du nicht preisgeben willst, aber nutze die Chance, mitzuteilen, was dich bewegt. Ein Schwebedialog bietet dir die seltene Gelegenheit, Themen auszudrücken, für die du keine Lösung parat hast, und stellt dir einen geschützten Rahmen zur Verfügung, indem du gehört und gesehen wirst, ohne zensiert, beurteilt oder bewertet zu werden.

Schweben genießen

Schon allein das Formulieren der wesentlichen Frage, einfach so, ohne eine Antwort darauf zu haben, hat etwas Befreiendes. Aussprechen zu dürfen, was einen gerade bewegt, und es auch so stehen lassen zu können – das alles in der Gruppe zu teilen, ist eine sehr verbindende Erfahrung!

3. Schritt: Präsentieren der Schwebedialogkarten

Du bist jetzt fertig mit dem Erstellen der drei Schwebedialogkarten! Wenn alle anderen auch fertig sind, werden reihum zuerst alle Schwebebilder präsentiert, dann die Bedürfniskarten und zuletzt die Energiekarten.

Spielregeln beim Präsentieren

Stilles Zuhören

Bei der Präsentationsrunde sind alle Anwesenden mit der strengsten Spielregel konfrontiert: Kein Kommentar! Kein Kopfnicken oder Kopfschütteln, kein Seufzen, Augenrollen, keine Ergänzungen, keine Zustimmung, keine Ablehnung, keine Assoziationen, keine Gesten, keine Interpretationen. Das Einzige, was erlaubt ist, sind Verständnisfragen.

Es ist entscheidend, dass kein Gespräch im herkömmlichen Sinn stattfindet, wie etwa das Diskutieren von Unterschieden oder das Suchen nach Gemeinsamkeiten. Es geht vielmehr darum, seine eigenen Gedanken ohne Bewertung zu teilen und die der anderen anzuhören – und nur das.

Zeit und Raum nehmen

In einem Schwebedialog hast du die einzigartige Gelegenheit, ungehindert zu sprechen, während die anderen zuhören, ohne zu kommentieren oder zu reagieren. Ob du viel oder wenig sagen möchtest, liegt ganz bei dir. Falls du nicht viel sprechen möchtest, kannst du auch dein Bild für dich sprechen lassen – selbst wenn es leer sein sollte.

Schweben genießen

Diese besondere Situation, in der jeweils nur eine Person spricht und die anderen zuhören, ermöglicht eine ruhige und konzentrierte Atmosphäre. Da keine Lösungen für das Gesagte gefunden werden müssen, entsteht ein respektvoller Austausch von Gedanken und Gefühlen.

Zwei Rollen

Wenn du den Schwebedialog in der Gruppe machst (zwei bis sechs Personen), nimmst du in zwei verschiedenen Rollen teil: Als Sprecher*in zeigst du deine eigenen Karten. Als Zuhörer*in bekommst du die Karten der anderen zu sehen.

Wenn du den Schwebedialog allein machst, bist du gleichzeitig Sprecher*in und Zuhörer*in. Es handelt sich dabei um keinen Monolog, denn deine Präsentation richtet sich nicht an eine imaginäre Person oder ein Publikum. Es ist vielmehr ein echter Dialog im ursprünglichen Sinne des Wortes – ein »Fließen der Worte«, ein »Zwischen-den-Worten-Sein« – und in diesem Fall sogar ein Schweben zwischen Worten und Bildern. Du öffnest dir selbst einen Raum, in dem du dir selbst Ausdruck verleihst. Du verschaffst deinen Gedanken und Gefühlen für einen Moment Gehör in dir. So, wie sie gerade in dir da sind, kannst du sie vor dir selbst aussprechen und gleichzeitig hören, wahrnehmen und beobachten.

In jedem Schwebedialog, ob allein, zu zweit oder in der Gruppe, sind wir also einerseits die Denkenden und Fühlenden, die ihre innere Gedankenwolke sichtbar machen, darstellen und mitteilen. Und wir sind andererseits die Wahrnehmenden und Beobachtenden, die beim Präsentieren kommentarlos zuhören.

Der offensichtliche Effekt eines Schwebedialogs ist, dass alle ihre innere Welt zum Ausdruck bringen können. Eine weniger offensichtliche, aber nicht minder kraftvolle Wirkung ist, dass man endlich einmal den anderen (oder sich selbst) einfach zuhören kann – und zwar ohne Anspruch auf ein Feedback! Man muss sich nicht äußern, keine Stellung beziehen, keine Antwort finden. Das ist eine derart entspannte und befreite Position, dass sie selbst für geübte Schweber*innen immer wieder zu einer Herausforderung werden kann.

Das stille Zuhören, ohne auch nur im Ansatz aufeinander einzugehen, ist ein echtes Unikat unter den Kommunikationsformaten. Hier kannst du in einen Modus der reinen Informationsaufnahme eintauchen, ohne damit eine Aufgabe zu verbinden. Weder sinnstiftende Verarbeitung noch positives Feedback oder hinterfragende Manöverkritik werden von dir verlangt. Du wirst nicht aufgefordert, Lösungsvorschläge zu machen, ja, es gibt nicht einmal die Erwartung an dich, Empathie zu zeigen! Das ist es, was wir bei den Schwebedialogen echte Freiheit in der Kommunikation nennen.

Beispieldialoge *oder* Anderen in die Karten schauen

Hier hast du nun Gelegenheit, einmal als unsichtbare*r Beobachter*in reinzuschnuppern. Du bist nur Betrachter*in und Zuhörer*in. Stell dir vor, du sitzt mit der jeweiligen Person zusammen und gibst während der gesamten Präsentation kein Feedback. Höre dir ihre Geschichten einfach nur an, du musst dir dazu nichts überlegen und keine Lösungen finden.

Die Auswahl der Schwebedialoge ist bunt gemischt, manche sind undramatisch, manche persönlicher und so weiter. Sie wurden von Menschen verschiedenen Alters in unterschiedlichen Lebenssituationen erstellt und sollen dir einen Eindruck davon vermitteln, wie vielfältig und abwechslungsreich die einzelnen Karten sein können.

Bei den folgenden Schwebedialogen haben wir strenge Anonymität gewahrt. Die Urheber der Schwebedialoge haben uns die Erlaubnis erteilt, diese zu verwenden. Die Inhalte der Dialoge wurden so bearbeitet, dass sie nicht auf die ursprünglichen Personen hindeuten. Solltest du dennoch Ähnlichkeiten mit realen Personen feststellen, sind diese rein zufällig.

Miriam

Miriam ist neunundzwanzig Jahre alt und als Content Managerin in einer Kommunikationsabteilung angestellt. Sie macht einen Schwebedialog in einer Sitzung mit ihrem Coach.

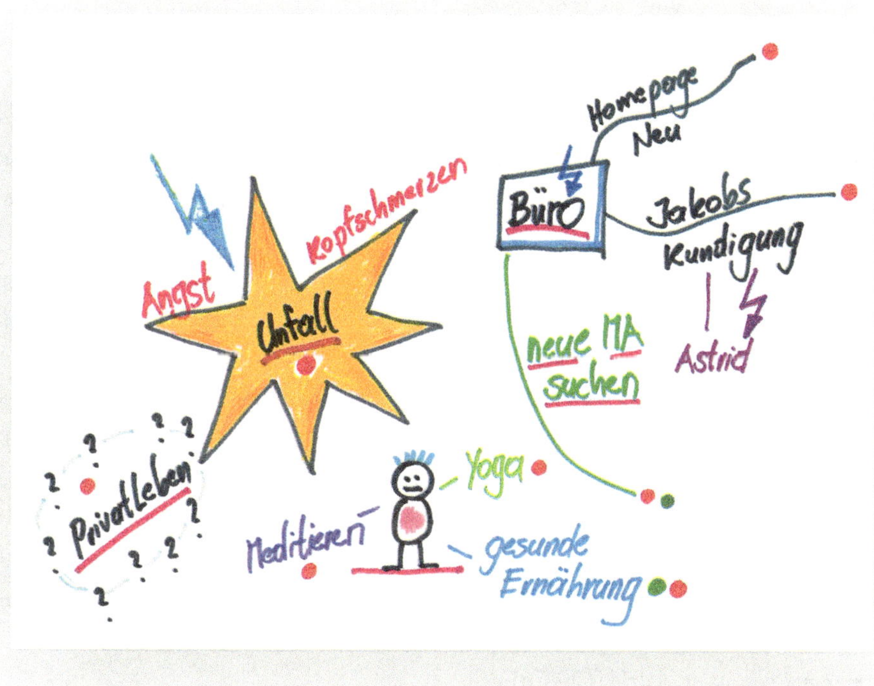

Miriam erklärt ihr Schwebebild

Also im Mittelpunkt steht mein Fahrradunfall vor drei Wochen. Ich stehe irgendwie immer noch unter Schock und habe zu wenig Zeit, um das alles zu verarbeiten. Deshalb der rote Punkt hier, weil das Thema echt Energie bräuchte. Seit dem Unfall habe ich auch die ganze Zeit Kopfschmerzen, ich schlafe schlecht und habe irgendwie immer noch ganz weiche Knie, weil so viel hätte passieren können. Das macht mich echt fertig.

Miriam zeigt jetzt mit dem Finger auf »Büro«.

Im Büro sitzt mir die Fertigstellung der Homepage im Nacken, das stresst mich sehr. Ich bin genervt, weil ich nach wie vor den Leuten wegen der fehlenden Texte nachlaufen muss und die einfach nicht verstehen, dass die Zeit drängt.

Auch Jakobs (ehemaliger Kollege) *Kündigung beschäftigt mich nach wie vor. Ich habe das Gefühl, dass es nicht hätte so weit kommen müssen, wenn Astrid* (Chefin) *den Konflikten nicht immer aus dem Weg gegangen wäre. Das macht mich echt traurig. Und wütend. Deshalb ist hier alles so rot, glaube ich.* (Lacht.)

Zeigt mit dem Finger auf den Kreis mit den Fragezeichen.

Mein Privatleben steht hier mit vielen Fragezeichen, weil ich irgendwie gefühlt kaum Raum dafür hab.

David (Lebensgefährte) *muss so viel arbeiten und hat wenig Nerven für meine Probleme. Ich glaube, er hat keine Ahnung, wie schlimm der Unfall für mich war, weil ja körperlich nicht viel passiert ist. Er versteht nicht, warum mich das so mitgenommen hat. Dann habe ich auch gar keine Lust mehr, ihm von meinen Gefühlen zu erzählen, auch von meinem Stress im Büro erzähle ich gar nichts. Deshalb das Fragezeichen, weil ich überhaupt keine Ahnung habe, was eigentlich in seinem Kopf vorgeht …*

Also hier, das kleine Strichfrauchen mit dem rosaroten Fleck im Bauch, das soll ich sein. Also, ich will definitiv mehr auf meine Ernährung achten, vor allem weniger Kohlenhydrate essen, weil die mir gar nicht guttun. Und ich sollte mehr Yoga machen. Und mehr meditieren will ich auch, damit ich meine negativen Gedanken loslassen kann. Da ist ein fetter roter Punkt, weil der Bereich definitiv viel mehr Energie bekommen sollte.

Sie schaut etwas unzufrieden auf das ganze Bild. (Ihr ganzes Schwebebild ist voll von roten Punkten, also Bereichen, die gefühlt mehr Energie bräuchten.)

Also, ich bin ganz überrascht, wie grau mein Privatleben und meine Beziehung hier sind, das sollte doch alles viel bunter sein! (Seufzt.)

Miriam nimmt ihre Bedürfniskarte und erklärt sie

Also von David brauche ich definitiv, dass er mir mehr zuhört und sich für meine Probleme interessiert. Und überhaupt mehr gemeinsame Quality Time. Ich kann mich gar nicht erinnern, wann wir das letzte Mal zu zweit irgendwo hingefahren sind!

Von Astrid brauche ich, dass sie sich nicht immer vor Konflikten drückt und ehrlicher ist. Und dass sie uns (Grafikabteilung) *vor den Übergriffen von Sabine* (Kollegin aus der Kommunikationsabteilung) *schützt.*

Von meiner Schwester brauche ich, dass sie mich versteht und meine Probleme nicht immer als Lappalien abtut. Sie ist nicht die Einzige, die ein schweres Leben hat, nur weil sie sich um zwei kleine Kinder kümmern muss.

Von Jasmin (beste Freundin) *brauche ich, dass sie mich nicht immer nur anruft, wenn es ihr schlecht geht, sondern sich auch um mich kümmert und mich fragt, was ich brauche.*

Miriam zeigt ihre Energiekarte

E+

Am liebsten würde ich mich zurückziehen und meine Wunden lecken! (Lacht.) *Also, ich meine, so eine richtige Auszeit nehmen, am besten in irgendeinem Wellnesshotel, um alles zu verarbeiten. Da hätte ich endlich einmal Zeit für mich selbst!*

E–

Die unausgesprochenen Konflikte mit Astrid. Die kosten mich echt viel Energie, und ich schaffe es irgendwie nicht, das Thema offen anzusprechen. Das belastet mich total.

WF

Werde ich mich jemals am richtigen Platz fühlen?

Anneliese

Anneliese ist einundvierzig Jahre alt und Angestellte in einer Non-Profit-Organisation. Sie macht einen Schwebedialog mit ihrem Lebensgefährten Peter.

Anneliese zeigt ihr Schwebebild

Wenn ich mein Schwebebild so anschaue, ... na ja, ich weiß einfach nicht, wo mir der Kopf steht.

Anneliese deutet auf die linke Seite des Bildes.

Ich bin so was von angefressen wegen Karin (Kollegin), *weil sie mir immer noch nicht die nötigen Unterlagen für meinen Jahresbericht gegeben hat, den ich übermorgen abgeben muss! Wie soll sich das noch ausgehen? Wie stellt sie sich das vor? Will sie mir absichtlich ein Ei legen?*

Sie holt tief Luft.

Es tut mir leid, dass ich so emotional bin, aber mir ist irgendwie gerade alles zu viel. Ich müsste ja eigentlich Oma besuchen oder zumindest anrufen. (Sie deutet auf die kleine O-M-A aus Buchstaben.) *Du weißt ja, sie liegt schon seit Tagen krank im Bett und kein Mensch kommt vorbei, außer den Leuten vom Pflegedienst. Außer mir fühlt sich in meiner Familie offensichtlich niemand verantwortlich ...* (Schüttelt den Kopf.)

Hier in der Mitte sind die Kinder, die mich immer noch total in Anspruch nehmen:. Sarah (Tochter) *braucht extrem viel Unterstützung für die Schule und Jonas* (Sohn) *versinkt im Chaos.*

Sie grinst und verdreht die Augen. Dann zeigt auf das schwarze Kreisgewirr.

Und Stefan (Vater der Kinder) *macht mich sowieso wahnsinnig. Er macht nie genaue Zeitangaben, wann er die Kinder zurückbringt. Das nervt! Ich habe heute eigentlich geplant, endlich mal wieder joggen zu gehen, aber jetzt weiß ich immer noch nicht, wann die Kinder heimkommen und ob sie dann noch was essen müssen. Dann müsste ich jetzt eigentlich noch was einkaufen gehen und so weiter ... Ich hasse es!* (Seufzt.)

Nach einer kurzen Pause schaut sie Peter an und zeigt auf die lila-rosa-farbenen Bubbles rechts oben im Bild.

Da schau, hier, die beiden Farbbubbles. Das sind wir beide, wie wir schön langsam zusammenwachsen! Das gibt mir so viel Kraft! Ich bin dir so dankbar, dass du mir immer zuhörst und für mich da bist, wenn ich dich brauche! Wirklich!

Anneliese zeigt ihre Bedürfniskarte

Also da steht heute wirklich viel drauf! Peinlich.

Also von Stefan brauche ich genaue Zeitangaben. Ich muss einfach planen können. Und ich brauche von ihm, dass auch er mal mit den Kindern liest und mit Sarah (Tochter) *Diktate macht und so weiter. Er muss auch Verantwortung übernehmen. Er kann sich nicht immer nur die Rosinen aus dem Kuchen picken.*

Von Sarah brauche ich, dass sie jeden Abend zumindest eine halbe Stunde liest. Das wäre wichtig wegen ihrer Rechtschreibschwäche. Ich werde sie heute wieder ermuntern und zuerst ein bisschen mit ihr gemeinsam lesen.

Von Jonas (Sohn) *brauche ich im Grunde gerade nix Spezielles, außer vielleicht, dass er seine schmutzige Wäsche nicht überall liegen lässt und sein Zimmer am Abend aufräumt!*

Von Karin brauche ich, dass sie mir heute noch die nötigen Unterlagen schickt und unserer Chefin erklärt, dass sie sie mir erst so spät gegeben hat! Warum soll immer ich an allem schuld sein?

Von Markus (Bruder) *brauche ich zumindest Wertschätzung dafür, dass ich mich die meiste Zeit um unsere kranke Großmutter kümmere. Nur weil er nie da ist, heißt das ja nicht, dass er für gar nichts verantwortlich ist.*

Und von mir selbst brauche ich vor allem Zeit! Ich sollte mich endlich gesünder ernähren und regelmäßig joggen gehen. Und ich möchte auch wieder mehr meditieren, das würde mir guttun!

Sie macht einen Moment Pause und wendet sich Peter zu.

Und von dir brauche ich einfach weiter deine Liebe und deine unendliche Geduld, wenn bei mir wieder mal die Nerven blank liegen! Du bist da echt mein Fels in der Brandung geworden! Ich kann dir gar nicht sagen, wie glücklich ich bin, dass wir uns gefunden haben! (Beide strahlen sich an.) *Da fällt mir noch ein, was ich nicht auf die Karte geschrieben habe.* (Verlegen und naserümpfend.) *Das Einzige, was mir vielleicht doch wichtig wäre: Ich brauche von dir, dass du die Wäsche immer gleich aus der Waschmaschine holst, wenn sie fertig ist, weil sie sonst immer anfängt, so modrig zu riechen!* (Beide lachen.)

Anneliese erklärt ihre Energiekarte

E+

Also, wo es mich hinzieht? Hmm … Eigentlich zieht es mich am meisten zum Meditieren. Am liebsten würde ich für drei Wochen auf ein Schweige-Retreat fahren, am besten ganz weit weg, irgendwo in den Bergen oder noch viel weiter weg. Das wäre jetzt genau das Richtige für mich, einfach nur sitzen, essen, schlafen und mit keinem Menschen reden, herrlich!

E–

Diesen Jahresbericht fertig zu machen, dagegen wehrt sich alles in mir. Ich habe auch die Befürchtung, dass er diesmal nicht so ausgefallen ist, wie meine Chefin sich das vorgestellt hat. Das ist mir sehr unangenehm.

WF

Werde ich irgendwann wieder so eine Gelassenheit haben wie früher und mich nicht andauernd gestresst fühlen?

Tilda

Tilda ist acht Jahre alt und geht in die Volksschule.
Sie macht einen Familien-Schwebedialog mit ihren Eltern und ihrem Bruder Jakob.

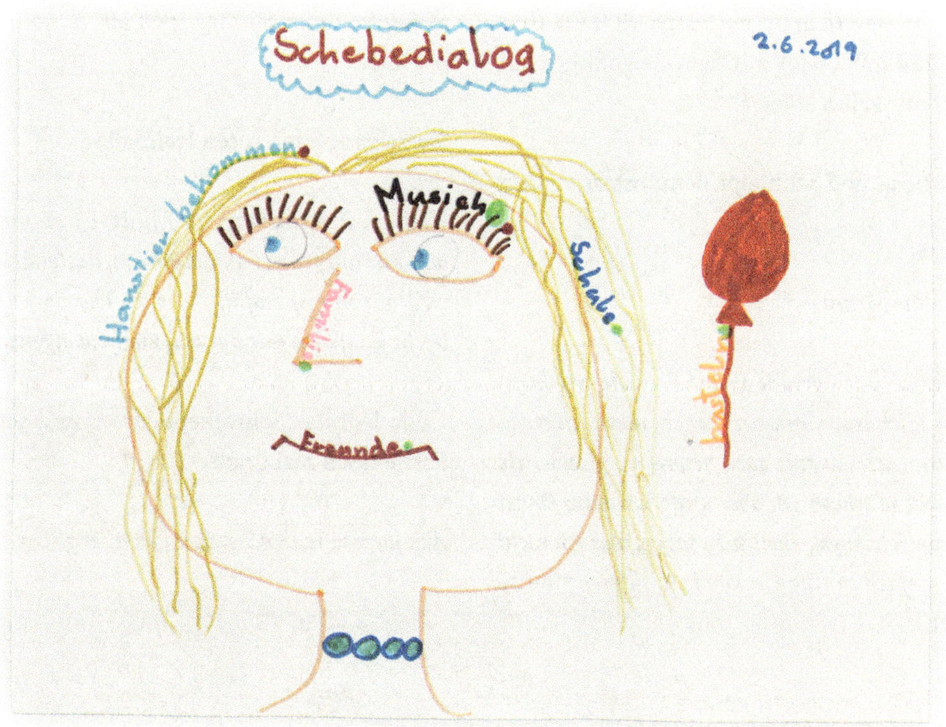

Tilda erklärt ihr Schwebebild

Bei mir ist das Schwebebild heute irgendwie ein Gesicht geworden. Ich hätte sooo ... gerne ein Haustier, deshalb steht das hier bei den Haaren, mit einem ROTEN (betont) *Punkt, weil IHR* (zeigt mit dem Zeigefinger auf beide Eltern) *mir keines erlaubt!*

Tilda schaut böse und schnappt demonstrativ nach Luft.

Sie zeigt auf den Mund.

Sonst beschäftigen mich gerade meine Freunde am meisten und ob ich mich traue, ihnen zu sagen, wenn ich etwas nicht will. Wenn ich das mit euch bespreche, glaube ich, dass das eh nicht so schwer ist, aber wenn ich dann in der Schule bin, habe ich Angst, ehrlich zu sagen, was ich nicht mag. Das ist einfach so eine Gewohnheit, immer »ja« zu sagen. (Seufzt.)

Dann zeigt sie auf die Nase.

Daheim ist es gerade gut, nur die Mama soll nicht so viel schimpfen, aber das sage ich dann eh noch bei der anderen Karte.

Sie zeigt auf den roten Luftballon.

Und am liebsten mag ich Musik hören und basteln. Ich will mir auf jeden Fall noch mehr Bastelsachen wünschen, weil mir so viel einfällt, was ich basteln kann! Oder vielleicht kaufe ich mir das von meinem eigenen Geld!

Tilda legt das Schwebebild weg und schaut aus der Ferne noch mal drauf.

Ach ja, und in der Schule ist eh alles gut.

Tilda nimmt ihre Bedürfniskarte und hält sie hin

Also von Robert (Vater) *brauche ich grad nichts, er kann einfach so bleiben.* (Pause) *Er soll halt nicht so viel »ZAP« sagen!* (Erinnerung an eine logopädische Übung, damit die Zunge nicht zwischen den Zähnen liegt.) *Ja, nicht die ganze Zeit »ZAP«!* (Genervt.)

Von Jakob (älterer Bruder) *brauche ich, dass er nicht immer »vielleicht« sagt.* (Wenn Jakob keine Antwort geben will, sagt er immer nur »vielleicht«.)

Ja und die Mamaaa … soll nicht schimpfen (strenger Tonfall)*!*

Sie macht eine ernste Miene.

Tilda nimmt ihre Energiekarte

E+

Am meisten mag ich, mit meinen Freundinnen Zeit zu verbringen!

E–

Die Hausaufgaben.

WF

Wie geht es weiter bei Alea Aquarius? (Das Buch, das sie gerade liest.)

Adrian

Adrian ist fünfunddreißig Jahre alt und Teamleiter bei einem Automobilzulieferer. Er nutzt eine Coachingeinheit für den Schwebedialog.

Adrian erklärt sein Schwebebild

Das große Knäuel rechts stellt meine Trennung von Nina (Ex-Freundin) *dar. Der Frust und die elendslangen Gespräche, die zu nichts geführt haben. Ich halte diese sinnlosen Vorwurfsparaden nicht mehr aus! Es braucht jetzt einen sauberen Schnitt, um diese endlosen Diskussionen zu beenden. Sie muss endlich aus der Wohnung ausziehen!*

Auch Chiara (neue Freundin) *kann das nicht mehr ertragen. Und ich muss ja im Job funktionieren! Ich habe ja nicht den Luxus wie Nina, den ganzen Tag daheim zu sitzen und zu jammern!*

Adrian zeigt mit dem Finger auf die Pinnwand.

Hier braucht es endlich Nägel mit Köpfen. Ich bin schon lange so weit, vom Teamleiter zum Abteilungsleiter befördert zu werden, ich erfülle einfach alle Kriterien und das wäre jetzt die einzig logische Rolle für mich. Und das Problem mit Chiara (auch in seinem Team) *wäre dann auch gelöst. Manfred* (Chef) *muss doch wissen, wo ich hingehöre, er kennt meine Stärken und weiß, wie professionell und effizient ich bin! Ich bin der Einzige dort, der wirkliche Führungsstärke hat und strategisch denken kann.*

Zeigt auf das Bild links unten.

Ja, und das kleine Gekritzel da soll mein Fahrrad darstellen. Das bekommt definitiv zu wenig Energie, deshalb der fette rote Punkt. (Lacht verlegen.) *Ich weiß, ich bin kein besonders großer Künstler ..., na ja, jedenfalls will ich wieder mehr Sport machen, damit ich richtig fit bin.*

Hmm, das war es schon, da ist ja nicht so viel drauf auf meinem Schwebebild.

Adrian erläutert seine Bedürfniskarte

Also von Nina brauche ich, dass sie endlich einen Schlussstrich zieht und die Vergangenheit hinter sich lässt.

Was vorbei ist, ist vorbei! Sie soll, wie ich, in die Zukunft schauen.

Von Manfred brauche ich, dass er mich sieht, wie ich bin. Dass er meine strategischen Fähigkeiten und meine Führungsstärke anerkennt und mir diesen Job gibt.

Sonst brauche ich eigentlich nichts.

Ach ja, und mit Chiara passt alles, nur Nina sollte jetzt endlich ausziehen. Und in der Firma darf halt keiner wissen, was los ist, bis ich die Abteilungsleitung übernehme.

Adrian zeigt seine Energiekarte

E+
Am stärksten zieht es mich in die Berge, mit meinem Mountainbike. Ganz allein! Niemand, der mich zuquatscht!

E–
Diese Hasstiraden von Nina sind unerträglich für mich. Ich will nur noch raus aus dieser Hölle, aber ich werde sie einfach nicht los!

WF
Wo werde ich karrieremäßig in fünf Jahren stehen?

Sophia

Sophia ist siebzehn Jahre alt und Eiskunstläuferin.
Sie macht einen Schwebedialog mit ihrer Kunsttherapeutin im Rahmen ihrer Reha.

Sophia beschreibt ihr Schwebebild

Da in der Mitte, die riesige rote Wunde, das soll meine Verletzung und den Schmerz darstellen. Das dominiert irgendwie alles, weil es dauernd da ist und nie aufhört. Da habe ich dann richtig Panik, weil alles, was die Ärzte machen, mir einfach nicht hilft. Es tut die ganze Zeit weh und ist bis jetzt überhaupt noch nicht besser geworden. Ich habe auch so große Angst, dass ich nie wieder eislaufen kann! Das wäre das Schlimmste! Ich bin ja immer eisgelaufen und eigentlich habe ich nichts anderes gemacht bis jetzt.

Sophia zeigt mit dem Finger auf das »Wer bin ich?«.

Deswegen auch dieses graue Gewitter da. Ich bin ja nur das, was ich kann, und wenn ich das nicht mehr machen darf? Das wäre echt der Horror! (Verzweifelt.) *Ja, und alle wollen, dass ich gesund werde. Das macht mir so einen Druck. Was ist, wenn ich nicht gesund werde? Geht dann die Welt unter?*

Längeres Schweigen.

Da sieht man das Auge und wie traurig mich das alles macht.

Der Luftballon, da oben in der Ecke …, ich weiß nicht, warum ich den gezeichnet hab. (Pause.) *Irgendwie bin ich das, da drinnen. Die kleine Sophia. Irgendwie habe ich diesen Ballon verloren. Und meine Lebensfreude, die da drinnen ist, so fühlt sich das zumindest grad an. Keine Ahnung.*

Zeigt ganz nach unten.

Da stehen noch meine Freunde. Die habe ich erst zum Schluss dazugeschrieben, weil ich die zuerst vergessen habe. Ich hab ja keine Zeit, wegen all der Therapien und so weiter. Und die verstehen ja meine Situation sowieso nicht, weil die ja nur in ihrer High-Life-Partywelt leben, wo alles super ist. … Aber ich sollte mich trotzdem wieder mehr bei ihnen melden, sonst rufen sie mich irgendwann gar nicht mehr an, wenn ich nie auf ihre Nachrichten reagiere. Deshalb ist da auch ein roter Punkt.

Meine roten Punkte habe ich irgendwie komisch gesetzt, weiß gar nicht so genau, warum. Da oben, bei »Luft«. Irgendwie ist mir alles zu eng gerade und ich glaube manchmal, ich krieg gar keine Luft mehr, die Schule und die Therapien und der ganze Druck. Ich will meinen Papa nicht enttäuschen, der hat irgendwie so viel für mich gegeben, damit ich eislaufen kann, und jetzt? (Wischt sich Tränen aus dem Gesicht.) *Alles umsonst? Die ganzen Jahre?*

Sophia nimmt ihre Bedürfniskarte und erklärt

Von Papa brauche ich, dass der sich nicht so viele Sorgen macht und nicht so traurig ist. Er sollte endlich mit Harald (Freund) *den Segeltörn machen!*

Von Mama brauche ich, dass sie mich nicht die ganze Zeit an alle Termine erinnert, ich kann das selber.

Von Lisa (kleine Schwester) *brauche ich, dass sie die Musik nicht so laut aufdreht. Und mich nicht die ganze Zeit nervt.*

Von Martin (Trainer/Coach) *brauche ich, dass er mich nicht immer so besorgt anschaut. Das hasse ich!*

Von Sarah und Johanna (beste Freundinnen) *brauche ich Geduld und dass sie verstehen, warum ich mich momentan so zurückziehe.*

Und von der Dr. Seeburger (behandelnde Ärztin) *und Ihnen brauche ich, dass Sie mich im Team weiterhin so toll unterstützen. Das hilft mir immer sehr!*

Sophia zeigt ihre Energiekarte

E+

Am stärksten zieht es mich zu dem gelben Luftballon mit der kleinen Sophia, weiß nicht, warum. Ich möchte sie umarmen. Komisch. Aber irgendwie möchte ich sie umarmen. (Nachdenklich.) *Vielleicht sollte ich zu Tante Traude nach Kärnten fahren, da war ich immer so glücklich, als ich noch klein war.* (Seufzt tief.)

E–
Am wenigsten mag ich gerade die Treffen mit Martin. Der bemüht sich total, aber ich kriege es einfach nicht hin. Und das macht mich total fertig.

WF
Werde ich weiter Eiskunstläuferin sein können?

Olivia und Marco: Schwebedialog im Managementteam

Olivia (siebenunddreißig) und Marco (zweiundfünfzig) sind Top-Manager in einem großen internationalen Unternehmen. Sie machen einen Schwebedialog im Rahmen eines Managementmeetings.

Zunächst gestaltet jede*r für sich die drei Schwebedialog-Karten. Nachdem beide fertig sind, einigen sie sich, dass Marco beginnt:

Marco beschreibt sein Schwebebild

Im Zentrum steht bei meinem Schwebebild das himmlische Auge, das für Ordnung und Stabilität sorgt und irgendwie über allem steht. Das gibt mir viel Kraft und Energie!

Rechts oben im Bild ist der gemeinsame Weg, den wir im Team gehen, mit allen Aufs und Abs – die einiges an Energie brauchen (deutet auf den roten Punkt) –, *aber der Fokus ist endlich klar und wir gehen aus meiner Sicht in die richtige Richtung.*

Darunter sind Jan (ein anderer Teamkollege, der bei diesem Schwebedialog nicht anwesend ist) *und ich, als Fische, die aus dem Wasser springen und Applaus bekommen, weil sie sich und ihr Können der Welt über dem Wasser zeigen. Darunter bist du* (Olivia), *als extrem engagierter und fähiger Fisch, der sich aber gerne ein bisschen versteckt und deswegen oft weniger wahrgenommen wird. Da bräuchte es aus meiner Sicht mehr Energie in Richtung Sichtbarkeit zum Beispiel durch mehr Vorträge und Präsentationen im Unternehmen.*

Links oben im Kreis sind wir als Managementteam, das schon gut zusammengewachsen ist. Der gestrichelte Kreis soll Elli darstellen, die demnächst auch dazugehören und sich hoffentlich schnell einleben wird. Im inneren Kreis sind schon viel Vertrauen und ein großer Zusammenhalt entstanden, aber nach außen gibt es noch einige Baustellen, die wir dringend angehen sollten.

Links unten habe ich versucht, eine dieser Baustellen zu zeichnen, nämlich so eine Art gläserne Wand zwischen unserem Managementteam (im Kreis) *und den Abteilungsteams, aber auch zwischen den einzelnen Fachbereichen. Irgendwie haben wir es noch nicht hinbekommen, dass wir die agile und transparente Art der Zusammenarbeit, dir wir in unserem Team ja schon gut etabliert haben, auch in die einzelnen Abteilungen hineintragen oder auch an den Schnittstellen zwischen den Bereichen umsetzen. Da gibt es aus meiner Sicht noch viel zu tun.*

Und die roten Quadrate in den Abteilungsorganigrammen stellen einzelne Mitarbeiter dar, bei denen ich mir ehrlich gesagt nicht sicher bin, ob die Zusammenarbeit noch passt oder ob wir uns von ihnen trennen müssen. Da habe ich einige Fragezeichen im Kopf, die wir so schnell wie möglich klären sollten, damit die Stimmung in den einzelnen Teams nicht kippt. Das braucht aus meiner Sicht dringend Energie und Aufmerksamkeit.

Marco legt das Schwebebild in die Mitte des Tisches, damit Olivia es gut sehen kann.

Olivia, die Marcos Ausführungen kommentarlos zugehört hat, legt ihr Schwebebild auf den Tisch.

Olivia beschreibt ihr Schwebebild

Ich bin seit dem Begräbnis meines Stiefvaters ziemlich erschöpft, weil es meiner Mutter so schlecht geht (sie zeigt auf die Bildmitte), *seit er gestorben ist. Sie ist seitdem sehr verwirrt und bräuchte eigentlich rund um die Uhr jemanden, der auf sie schaut, und ich kann das neben den Kindern und der Arbeit einfach nicht leisten. Und Stefan* (Olivias Ehemann) *ist so oft auf Geschäftsreisen, dass die Blümchen im Bild* (deutet hin) *– die sollen unsere beiden Mädchen und mich darstellen – schon ein bisschen austrocknen.*

Olivia schmunzelt und zeigt dann mit dem Finger in die rechte obere Ecke des Bildes.

Und hier (bei der Arbeit) *ist natürlich immer viel zu tun. Das blaue Auge – ich weiß, es schaut nicht aus wie ein Auge, aber ich kann einfach nicht zeichnen* (sie lächelt verlegen und fährt dann fort) –, *also das blaue Auge soll Karl* (Vorstand und Chef von allen im Managementteam) *darstellen. Ich habe immer das Gefühl, dass er nur einen kleinen Teil meiner Arbeit sieht und viel von dem, was ich leiste, gar nicht wahrnimmt. Irgendwie kommt immer nur Kritik, aus meiner Sicht für Kleinigkeiten, und so gut wie nie Lob oder Wertschätzung. Das macht mich oft so wütend, und ich weiß gar nicht, wie ich mit der Situation umgehen soll* (seufzt).

Nach einer kurzen Pause fährt Olivia fort und zeigt auf die Zeichnung von Strand und Meer.

Ich freue mich schon sehr auf den Urlaub nächste Woche! Ich brauche dringend einmal Abstand von allem und Zeit für mich. Und niemanden, der was von mir braucht! (Olivia atmet tief durch) *Mal schauen, ob sich das im Urlaub machen lässt …?*

Ja, und diese lila Brille mit den beiden Fragezeichen soll meinen Blick in die Zukunft symbolisieren. Keine Ahnung, wie ich das alles hinbekomme. Ich hoffe wirklich sehr, dass die Welt nach dem Urlaub wieder ein bisschen anders aussieht!

Marco hat stumm zugehört, bedankt sich bei Olivia, nimmt seine Bedürfniskarte und erklärt

Von dir (Olivia) *brauche ich, dass du von Robert* (Mitarbeiter) *klare Ziele und einen Fahrplan für die kommenden sechs Monate einforderst. Und ich brauche von dir mehr Verständnis und Empathie für andere Organisationseinheiten.*

Von Michelle (Mitarbeiterin) *brauche ich, dass sie die Außendienstmitarbeiter*innen präziser und schneller über unsere Bedürfnisse an den Schnittstellen informiert.*

Vom Managementteam brauche ich einen gutes gemeinsames Onboarding für Elli (zukünftige Kollegin im Managementteam).

Von Elli brauche ich, dass sie klar und transparent kommuniziert, welche Hilfe sie von uns braucht, und dass sie ehrlich sagt, wenn sie etwas stört oder wenn sie etwas nicht versteht.

Jetzt nimmt Olivia ihre Bedürfniskarte und erklärt

Von dir (Marco) *brauche ich, dass du keine neuen Themen mehr aufmachst, bevor wir die anderen nicht erledigt haben.*

Von Jan (Kollege im Managementteam) *brauche ich, dass er sich an gemeinsame Entscheidungen hält und sie konsequent und ohne Ausnahmen in seinen Teams umsetzt.*

Von Elli (zukünftige Kollegin im Managementteam) *brauche ich, dass sie die Agenden, die sie von mir übernimmt, rasch angeht und hoch priorisiert.*

Und von mir brauche ich, dass ich klarer sage, was ich will, und nicht darauf warte, dass andere es von selbst merken.

Nun ist Marco mit seiner Energiekarte an der Reihe

E+
Die Zusammenarbeit im Managementteam macht mir richtig Freude und ich genieße die gemeinsamen Fortschritte und Erfolge, die wir einfahren.

E–
Es stört mich, wie manchmal über andere Bereiche gelästert wird. Und Personalentscheidungen, die aus persönlichen Gründen getroffen werden, ärgern mich, vor allem, wenn das dann verschleiert wird. Das bringt eine ungute Atmosphäre in die Teams.

Olivias E+ und E–

E+
Ich brauche vor allem Erholung und Zeit zum Nachdenken.

E–
Die Präsentationen bei Karl (Vorstand und Vorgesetzter) *belasten mich sehr, weil ich mich nicht verstanden und gesehen fühle.*

Marco stellt seine wesentliche Frage

Wie können wir agiles Führen trotz aller Widerstände und Gewohnheiten auf lange Sicht im Unternehmen etablieren?

Olivias wesentliche Frage

Wie wird mein berufliches Leben in fünf Jahren aussehen?

4. Schritt: Abheben

Wie du an den Beispielen siehst, können Schwebedialoge sehr unterschiedlich sein, leicht, unbeschwert, aber auch dramatisch oder sogar komplex. Nicht selten spiegeln sie auch grundlegende Lebenskrisen wider. Was sie aber in jedem Fall gemeinsam haben: Sie sind immer Momentaufnahmen! Schnappschüsse von Geschichten und Gefühlen, die gerade präsent sind. Vielleicht sieht beim nächsten Mal alles ja schon wieder ganz anders aus, oder auch genauso oder ähnlich, das spielt keine Rolle. Von Interesse ist nur, was jetzt gerade im Schwebedialog erscheint. Wenn Dinge aus früheren Schwebedialogen aktuell wieder auftauchen, ist das perfekt. Wenn nicht, ist es ebenso perfekt.

So weit, so gut.

Jetzt fragst du dich aber bestimmt: Was mache ich mit alledem, was mit den Schwebedialogkarten auf dem Tisch gelandet ist? Was geschieht mit den Zukunftsängsten der Eiskunstläuferin oder dem Karrierewunsch des Teamleiters? Wo bleibt die fundamentale Fragestellung nach dem richtigen Platz im Leben oder die simple Neugier auf das Ende eines Buches?

Jetzt bist du als Moderator*in wieder am Zug im Schwebedialog. Du knüpfst einfach da an, wo du nach dem Startsignal fürs Erstellen der Karten aufgehört hast.

Achte bitte besonders jetzt darauf, unkompliziert zu bleiben und alle einfach nur sanft, schnell und reibungslos in einen Zustand geistiger Schwerelosigkeit zu entlassen. Bitte halte dich kurz und schweife nicht zu weit ab. Es ist essenziell, die lockere Atmosphäre und die Kraft der gezeigten Themen zu erhalten, ohne sie zu interpretieren.

Ermutige alle, das, was jetzt kommt, aus zwei Gesichtspunkten zu betrachten:
Einerseits wirst du einfach handeln, so wie sonst auch immer. Das nennen wir bei den Schwebedialogen *Aktion: »Was siehst du dich tun?«*

Andererseits wirst du automatisch über all das nachdenken und reflektieren, was durch die Schwebedialogkarten an Themen hochgekommen ist. Das ist gut so und soll auch so sein. Aber! Die Gedanken, die du dazu im Nachhinein entwickelst, sehen wir bei den Schwebedialogen als ganz *neue, eigenständige* Geschichten. Sie gehören nicht zu *diesem* Schwebedialog. Die Frage nach diesem Schwebedialog ist vielmehr: *»Was sehe ich mich tun?«* – Na ja, zum Beispiel nachdenken und reflektieren.

Da diese beiden Sichtweisen mit Konventionen brechen, gehen wir jetzt gleich und im nächsten Kapitel noch näher darauf ein. Aber keine Sorge, in deiner Moderation musst du nicht so weit ins Detail gehen. Diese Informationen sind hauptsächlich als Hintergrundwissen gedacht.

Es ist nie *nur* eine Geschichte

Hier lauert die mit Abstand größte Herausforderung nach einem Schwebedialog! Vor allem für jene, die mit dem Format noch nicht so vertraut sind:

Du könntest nämlich in die Falle tappen, dich selbst oder andere zu *relativieren*, indem du meinst, es sei ohnehin alles *nur* eine Geschichte, die man glaube.

Damit würdest du aber das Vorgetragene abwerten und entkräften. Schwebedialoge sind ganz und gar nicht so gemeint! Ja, es sind Geschichten, was soll es denn sonst sein! Alles, was du denkst oder glaubst, kann niemals etwas anderes sein als eine Geschichte.

Gerade deshalb kann es sich dabei aber auch niemals nur um *irgendeine* Geschichte handeln, sondern eben um *die* Geschichte. Und diese Geschichte ist das Einzige, das du hast, um über deine Bedürfnisse zu sprechen.

Wenn du dir bewusst vor Augen hältst, dass das, was für dich oder andere wichtig ist, eine Geschichte ist, schränkst du den Wert dieser Geschichte niemals ein. Ganz im Gegenteil. Du wirst dir lediglich bewusst:

Für *mich* ist das *meine* Wirklichkeit, in der *ich* lebe!

Von *mir selbst* geschaffen, *meine* Welt!

Relativierende, abwiegelnde Gedanken kommen einem ganz von selbst in den Sinn, das kann man gar nicht verhindern. Im Rahmen von Schwebedialogen ist das auch gar nicht nötig!

Denn jede Relativierung ist für sich einfach wieder eine neue Geschichte, deren Inhalt eben darin besteht, eine andere Geschichte zu relativieren. Nicht mehr und nicht weniger.

Deshalb ist eine Relativierungsgeschichte in den Schwebedialogen genauso willkommen wie jede andere! Aber als eigenständige Geschichte mit einer eigenständigen Aussage, die ernst genommen werden will, nicht als Nivellierung der vorhergehenden Geschichte.

Ein kurzes Beispiel zur Illustration:

Du ärgerst dich über deine*n Partner*in nach dem Motto: *»Ich ärgere mich über [...], weil er*sie [...]«*. Sagen wir, das Thema taucht in einem Schwebedialog auf, du nimmst es wahr, bemerkst die Geschichte, die du glaubst, hältst sie in der Schwebe, entspannst dich, der Ärger lässt allmählich nach und schließlich hast du – unter anderem – Gedanken wie: *»Eigentlich* *hat er*sie es ja gar nicht so gemeint. Und ich auch nicht. Irgendwie habe ich überreagiert, weil ich nervös bin wegen meiner Arbeit und so weiter ...«*

Stopp! Das ist jetzt eine neue Story! Die eine Geschichte ist, dass du wütend warst oder bist. Eine ganz andere ist, dass du meinst, deine Wut sei unangemessen. Bitte versuche unbedingt, diese Geschichten ganz bewusst voneinander zu trennen.

Es sind zwei unterschiedliche Geschichten. Jede ist es wert, für sich allein beachtet zu werden!

Etwas in der Schwebe zu halten heißt nicht, eine Geschichte durch eine andere aufzuwiegen. Es bedeutet nicht, eine nivellierende Gegengeschichte zu erfinden. Logisch. Aber es klingt einfacher, als es ist! Denn wir Menschen können gar nicht anders, als genau das zu tun. Es ist ein Reflex.

Auch damit ist nichts zu tun.

Jede Relativierung ist eine Geschichte, die du glaubst und deshalb auch in der Schwebe halten kannst, indem du dich daran erinnerst, dass es eine Geschichte ist, die du glaubst.

Ermutige daher bitte als Moderator*in alle Teilnehmenden, ihre Relativierungen als eigenständige Geschichten zu behandeln.

Take-off

Und jetzt: Nicht zu viel grübeln!

Am besten mit einer kurzen gemeinsamen Stille, damit du und die anderen Teilnehmenden einen Moment innehalten und zu sich kommen können.

Dann kehrst du in der Moderation zum Startpunkt des Dialogs zurück und greifst den Schwebesatz wieder auf.

Denn für alle Teilnehmenden gilt das gleiche. Wenn du dich fragst *»Und was soll ich jetzt mit allen diesen Gefühlen und Gedanken aus dem Dialog anfangen?«*, dann kannst du dir einfach sagen:

»Ich habe keine Ahnung.«

Das ist deine Formel, wenn du Dinge in der Schwebe halten möchtest!

»Ich habe keine Ahnung.«

Oder du nutzt unseren einfachen Schwebesatz in voller Länge:

»Bitte erlaube mir, mein Herz zu öffnen und keine Ahnung zu haben.«

Mit dieser Einstellung kannst du dich jetzt selbst und alle anderen behutsam in die wohlige Ahnungslosigkeit verabschieden …

In der Schwebe halten

Und damit ist der Schwebedialog zu Ende – voller neuer Eindrücke verabschieden sich alle Teilnehmenden und gehen ihrer Wege, bereit für das, was als Nächstes kommt.

Du kannst davon ausgehen, dass in deinem Kopf jetzt einiges nachhallt. Denn in Schwebedialogen ist die Themenauswahl grenzenlos und alle dürfen frei ihre Bedürfnisse teilen. Du kannst hier neue Perspektiven entdecken und Einsichten gewinnen, die du vorher nicht bedacht hast. Und manchmal hörst du vielleicht auch etwas, das dich überrascht oder direkt anspricht – jedes Mal eine Chance, Neues zu entdecken und sich gegenseitig besser zu verstehen. Jeder einzelne Schwebedialog bietet dir die Möglichkeit, etwas Wertvolles für dich mitzunehmen.

Jetzt fragst du dich aber sicher: Was fange ich mit diesen ganzen Eindrücken an? Wie damit umgehen? Das alles »in der Schwebe zu halten« – was heißt das eigentlich genau?

Nun ja, die Phase nach einem Schwebedialog ist eigentlich wie ein kreativer Prozess.

Stell dir vor, du stehst vor einer kniffligen Aufgabe, ohne eine Ahnung zu haben, wie du sie lösen sollst. Oder du bist einfach dabei, kreativ zu arbeiten, ohne dass es überhaupt etwas zu »lösen« gibt – es geht also einfach nur darum, etwas Neues zu erschaffen.

Kennst du das Gefühl, wenn dir dann eine Idee plötzlich, wie aus dem Nichts, in den Kopf schießt?

Am Anfang ist sie noch flüchtig, kaum greifbar, wie eine Wolke am Himmel deiner Gedanken. Es ist die Zeit, in der die Idee noch ganz frisch und unberührt schwebt.

Dann braucht sie Zeit und Raum, um zu wachsen und zu reifen. Diese Phase, in der die Idee noch in der Luft hängt, ist entscheidend – wenn sich alles noch entwickeln und formen kann. Es ist der Raum, den du brauchst, um wirklich kreativ zu sein.

So trägst du die Idee mit dir herum, lässt sie gären, und dann kommt, oft ganz unerwartet, der entscheidende Moment, der alles ins Rollen bringt. Plötzlich fügt sich alles zusammen und die Idee nimmt Form an. Von diesem Punkt an geht alles wie von selbst. Du krempelst die Ärmel hoch und machst dich an die Arbeit.

Doch davor, wenn die Ideen noch unausgereift sind und sich noch kein klarer Lösungsweg abzeichnet, steht meist eine große Herausforderung, weil noch so viele Fragen offen sind. Kreative Menschen haben dafür ganz unterschiedliche Lösungen: Schriftsteller*innen, die gedankenverloren endlose Spaziergänge machen, Künstler*innen, die abseits aller Normen leben, Wissenschaftler*innen, die in ihrem Labor verrückte Experimente machen, ohne genau zu wissen, was am Ende dabei herauskommt, oder Musiker*innen, die einfach nur spielen, ohne ein klares Ziel zu haben, und so weiter. Dieser unfertige Zustand, dieses Spiel mit der Schwebe ist in der kreativen Welt nicht nur bekannt, sondern ein integraler Bestandteil des kreativen Prozesses.

In den sichtbar kreativen Bereichen gibt es also eine Menge Wege, mit der Ungewissheit noch unfertiger Ideen umzugehen. Aber was ist mit dem normalen Berufsalltag? Hier scheint Ungewissheit fehl am Platz.

Was wir mit Schwebedialogen machen: Wir holen das kreative Prinzip einfach in den Alltag. Völlig locker, ohne dass dein Leben kopfsteht. Nichts muss sofort entschieden, gelöst oder zu Ende gedacht werden. Es geht darum, Gedanken erst mal Luft zu geben – sie schweben zu lassen, bevor wir sie in Handlungen umsetzen.

Und so geht's:

1. Einen Punkt machen

Wenn du gerade einen Schwebedialog hinter dir hast, fühlst du dich zunächst vielleicht ein bisschen wie in einem Gedankenkarussell – keine Sorge, das ist normal und sogar wichtig für den Prozess. Jetzt ist der Moment, in dem du alles einmal sacken lässt und dir klar machst, was du da mitgenommen hast. Zeit also, erst einmal alles zu sortieren und dann einen Punkt dahinter zu setzen. Hier kommt unser speziell dafür entwickelter »Erinnerungssatz für alles« zum Zug.

Stell dir vor, du breitest deine drei Schwebedialogkarten noch mal vor deinem geistigen Auge aus. Sieh sie dir genau an. Dann sag innerlich zu dir …

»Die Geschichte, die ich glaube, ist, dass das wahr ist.«

… und mach damit einen Punkt.

In unseren Beispieldialogen wären das in etwa folgende Geschichten:

- Miriam glaubt, dass sie durch den unausgesprochenen Konflikt mit Astrid viel Energie verliert und eine Auszeit braucht.
- Tilda glaubt, dass sie in der Schule zu oft »ja« statt »nein« sagt und das ändern möchte.

- Anneliese glaubt, sich zu sorgen, dass die Abgabe des Jahresberichts ihre Reputation bei der Chefin beeinflussen könnte, weil ihre Kollegin sie sabotiert.

- Adrian glaubt, es sei längst Zeit für seine Beförderung und seine Ex überhäufe ihn grundlos mit Vorwürfen.

- Sophia glaubt, überfordert zu sein mit Schule, Therapien und dem Wunsch, wieder eislaufen zu können.

- Olivia glaubt, dass sie die Präsentationen beim Vorstand belasten und dass sie dort nicht verstanden und gesehen wird.

- Marco glaubt, es müsste mehr Offenheit in der Firma herrschen und Personalentscheidungen sollten unpersönlicher getroffen werden.

Wir alle stecken immer mitten in unseren eigenen Storys. Jede*r von uns hat einen aktuellen Film laufen. Von welcher Geschichte glaubst du zum Beispiel gerade, dass sie wahr ist?

Wohlgemerkt: Das soll keine Relativierung sein! Es ist auf keinen Fall *nur* eine Geschichte, von der du gerade glaubst, dass sie wahr ist, sondern immer *die* Geschichte!

Punkt.

2. Mit der Schwebehilfe geistigen Ballast abwerfen

Jetzt, da du mit unserem Erinnerungssatz einen Punkt hinter deinen Glauben an deine Geschichten gesetzt hast: Wie wär's damit, noch einen Schritt weiter zu gehen und ein wenig Gedankenballast loszuwerden?

Denn es ist eine Sache, dir klarzumachen, dass die Geschichten, die du dir selbst erzählst, deine Realität formen. Eine ganz andere Sache ist es jedoch, dein steifes Festhalten an diesen Glaubenssätzen zu lockern.

Und genau hier setzen wir mit unserer eigens dafür kreierten Schwebehilfe an:

»Bitte erlaube mir,
mich von den Geschichten, die ich glaube,
nicht vereinnahmen zu lassen.«

Bitte halte kurz inne und sprich den Satz innerlich ganz aus.

An wen könntest du so eine Bitte richten?

Natürlich an dich selbst!

Stell dir vor, du sprichst mit einem ganz besonderen Teil von dir selbst, also nicht mit der Version von dir, die ihren Tag mit To-do-Listen, festen Glaubenssätzen und unumstößlichen Meinungen plant, sondern mit etwas viel Ursprünglicherem.

Überleg mal, seit Anbeginn der Zeit haben es alle deine Ahnen – und zwar angefangen von den ursprünglichsten Einzellern vor Milliarden von Jahren – irgendwie geschafft, ihr Leben so zu leben, dass am Ende du hier sitzen und das hier lesen kannst. Alle! Das ist kein Zufall. Das bedeutet, in dir steckt ein riesiges Wissen darüber, wie man durchs Leben kommt. Du hast es in den Genen! Du kannst dir sicher sein, du hast alles, was du zum Überleben brauchst, in dir. Und das ist keine nette Floskel, das ist Fakt.

Was heißt das für dich? Ganz einfach: Du hast eine Art inneres Archiv, das vollgepackt ist mit allem Wissen, das du brauchst, um zu überleben. Da kannst du sicher sein.

Und genau das ist es, womit die Schwebehilfe arbeitet. Du nimmst einen guten Zug frische geistige Luft und vertraust auf diesen tiefen, instinktiven Teil von dir, der weit über das hinausgeht, was du denkst und glaubst.

Unsere Schwebehilfe macht deinen Kopf einfach leichter. Mit ihr kannst du ohne großen Aufwand geistigen Ballast abwerfen. Es geht jetzt nicht darum, alles über Bord zu werfen oder mit Altem radikal zu brechen. Wir wollen nur das Überflüssige loswerden und damit mental ein bisschen beweglicher werden.

Das ist genau wie in der Schwebephase eines kreativen Prozesses, in der deine Ideen viel Raum und Zeit bekommen, um zu gedeihen und sich zu entfalten. Es ist die Zeit, in der alles noch offen ist und sich Wege erst herausbilden. Du trägst die Ideen mit dir herum und lässt sie reifen, bis …

… plötzlich alles klar ist und dein inneres Startsignal ertönt!

3. Deinem Startsignal folgen

Los geht's, wenn's klick macht!

Auf den richtigen Moment warten – genau das machen die Kreativkünstler unter uns. Sie warten auf den inneren Klick, den Moment, in dem sie einen eindeutigen Impuls spüren. Und dann legen sie los.

Im (scheinbaren) Kontrast dazu steht das Leben nach einem festen Fahrplan oder eingefahrenen Gewohnheiten. Aufgestanden wird um Punkt sieben, der Kaffee muss genau so schmecken (wenn überhaupt Kaffee), und für jedes Ziel gibt es einen eiskalt durchdachten Plan – oder die Vollgasstrategie ohne Rücksicht auf Verluste.

Und ja, natürlich, wir alle lieben unsere kleinen Routinen und Pläne. Du hast deine festen Zeiten, deine Vorlieben beim Kaffee (oder etwas anderem) und deine Strategien, um deine Ziele zu erreichen – ganz gleich, ob du es gerne überlegt anlegst oder dich lieber Hals über Kopf ins Getümmel stürzt.

Zu Beginn des Buches haben wir dich mit Listen voller Lebenskonzepte bombardiert: Selbstbilder, Vorsätze, Ratschläge, Weisheiten, Urteile – wir haben nichts ausgelassen. Das war kein Zufall. Jetzt kommt alles zusammen.

Bitte versteh das nicht falsch – gegen Selbstbilder, Konzepte, Pläne oder Lösungen haben wir nichts. Absolut nichts – ganz im Gegenteil! Was wir dir zeigen wollen, ist einfach eine zusätzliche Option – nicht als Alternative, sondern als Bereicherung.

Stell dir vor, du bringst das Prinzip des inspirierten Handelns, das ja üblicherweise kreativen Prozessen quasi vorbehalten ist, in deinen ganz profanen Alltag ein. Überall und jederzeit. Das geht und macht sogar richtig Sinn!

Leben in der Schwebe heißt: Ja, du machst Pläne. Ja, du hast feste Konzepte. Aber mit etwas Schwebebewusstsein verlieren sie an Gewichtigkeit. Du schmiedest immer Pläne und hast feste Vorstellungen von vielem, was soll dir denn sonst durch den Kopf gehen. Aber schwebend verlieren sie an Schwere, an Einfluss und Bedeutung für dich. Was dann noch übrig bleibt, ist das, was du wirklich tun *willst* und auch *tust*.

Es geht dann nicht mehr nur um Pläne und Konzepte, sondern auch um dein Bauchgefühl, das im Endeffekt ja auch *du* bist. Wenn du öfter mal auf Autopilot schaltest, steuerst in Wahrheit immer noch *du* selbst!

Wie bei der Ideenfindung im kreativen Prozess wartest du einfach auf das grüne Licht in dir. Du folgst nicht mehr nur deinen Konzepten und Plänen, sondern auch deinem inneren Kompass und lässt Gedanken und Vorstellungen in der Schwebe, bis der Funke überspringt. Du hörst auf das Startsignal in dir, deinen Ruf zum Handeln.

Und dann? Dann nimmt deine innere Welt Gestalt an und wird schließlich zur *Aktion* …

Und dann? Nichts oder *Action!*

»Ruhe bitte!«
»Ton ab!«
»Ton läuft!«
»Kamera ab!«
»Kamera läuft!«
»Action!«

Was in den Tagen und Wochen nach einem Schwebedialog konkret passiert, ist das, was passiert: Du *tust*, was du tust. Du gehst arbeiten, abends ins Bett, regst dich über dies und das auf, freust dich über anderes, machst dir Sorgen, löst Probleme und Konflikte, kämpfst für deine Rechte, eine bessere Zukunft oder tust nichts dergleichen.

Aber wenn du dich dabei immer wieder freundlich daran erinnerst, dass du das, was du glaubst, zu deiner Realität machst, dann vollziehst du damit eine kleine, aber feine Verschiebung deiner Aufmerksamkeit: Du lenkst deinen inneren Blick einen kurzen Moment *weg* vom Inhalt deiner Überzeugungen und stattdessen *hin* zu dem Bewusstsein, dass du das gerade glaubst.

Was du damit machst, ist, dich mit deiner Aufmerksamkeit in den Fluss deiner Aktionen geistig einzuklinken. Indem du dir bewusst wirst, was du gerade machst, nämlich den Film zu erschaffen, den du in deinem inneren Kopfkino gerade betrachtest, dann bist du mitten im Geschehen und live dabei in deiner Aktion. Du stehst mit einem Bein im Zuschauerraum und mit dem anderen auf der Leinwand deines Lebenswerks. Du bemerkst, dass du zugleich Erzähler*in und das Erzählte bist. Und wenn du auch das in der Schwebe hältst, gibt es nur noch eines, was nach einem Schwebedialog übrig bleibt:

Aktion.

Und jetzt:

»Cut!«

Der Schwebezyklus

Schwebedialoge passen in jede Lebenslage – ob im Büro mit deinen Kolleg*innen, bei einem offenen Treffen im Unternehmen, in der Supervision, zu Hause mit den Kindern oder allein, wenn du mal durchatmen und dich neu sortieren willst.

Das Tolle dabei: Der Schwebezyklus folgt immer dem gleichen Schema – und doch ist jeder Schwebedialog anders. In einem Schwebedialog beziehen wir uns niemals auf einen vorherigen. Es zählt nur, was jetzt gerade wichtig ist. Der Zyklus bewegt sich einfach mit der Dynamik deiner Aktionen mit. Es ist wie ein Tanz, mal mit den gleichen, mal mit anderem Tanzpartner*innen, aber immer zur Musik deines Lebens.

Du kannst in allen möglichen Momenten einen Schwebedialog machen – und jedes Mal holst du ein Stück von dem, was gerade in dir steckt, ans Licht. Fast so, als würdest du einen verborgenen Schatz heben. Gemeinsam mit diesem kostbaren Gut hebst du dann ab und lässt es einfach wirken, ohne groß darüber nachzudenken. Pure Aktion. Und irgendwann findest du dich wieder im Landeanflug zum nächsten Dialog – mit wem oder wo ist nebensächlich.

Der Schwebezyklus lebt von der Dynamik, er ist ein Spiegel deiner stetig sich wandelnden Welt, nichts Festes oder Vorgefertigtes.

IN DER SCHWEBE HALTEN
SCHWEBE-DIALOG
AKTION
SCHWEBE-DIALOG
AKTION
SCHWEBE-DIALOG
AKTION
SCHWEBE-DIALOG
AKTION
SCHWEBE-DIALOG
AKTION
SCHWEBE-DIALOG
AKTION

Wenn du dich jetzt fragst, wie lange du zwischen zwei Dialogen warten solltest: Ehrlich, das kommt drauf an. Mindestens zwei Wochen könnten ein Anhaltspunkt sein, aber das ist keine feste Regel. Es gibt einfach zu viele Faktoren, die dabei eine Rolle spielen.

Und falls du beginnst, deine Schwebedialoge zu planen, schau, was für dich und den jeweiligen Kontext passt. Für die einen ist es wichtig, regelmäßige Schwebedialogtermine festzulegen, und andere wollen lieber gar nicht planen und machen einen Schwebedialog, wenn ihnen danach ist. Gib dir und den Dialogen Zeit, um herauszufinden, was am besten für euch passt.

So, das wär's dann mit der Schritt-für-Schritt-Anleitung, wie ein Schwebedialog funktioniert.

Damit ist unsere Tour durch die Grundlagen der Methode beendet – alles, was du wissen musst, um loszulegen, hast du jetzt in der Tasche.

An dieser Stelle ein herzliches Dankeschön an alle, die es praktisch mögen und erst einmal nur das Wichtigste wissen wollten. Mit diesen Infos bist du fürs Erste gut gerüstet.

Und für alle, die noch tiefer graben möchten: Bleibt dran!

Im nächsten Abschnitt tauchen wir nämlich noch tiefer in die Materie ein und blicken hinter die Kulissen der Methodik …

3. Teil

Vertiefung

Im dritten Teil dieses Buches werden wir all jene Themen genauer unter die Lupe nehmen, die essenziell sind, um das Konzept des In-der-Schwebe-Haltens in seiner ganzen Tiefe verstehen zu können.

Wir hinterfragen unseren Glauben an Lösungen, das Streben nach Konsens, die Kunst, aus Misserfolgen zu lernen, und die Vorstellung, etwas unter Kontrolle haben zu können.

Was verbindet?

oder

Nicht was, sondern dass

Lass uns nun einen Schritt weiter gehen und tiefer in die Wirkungsweise der Methode eintauchen. Dass sie funktioniert, ist nicht von der Hand zu weisen. Täglich sehen wir, wie sie wirkt. Womit könnte das zusammenhängen? Um dieser Frage nachzugehen, werden wir dir jetzt einen Einblick geben, was für uns bei der Konzeption der Schwebedialoge ein wesentlicher Angelpunkt war und dem Format schließlich auch seinen Namen gab. Etwas, das so offensichtlich ist, dass es uns im Alltag oft gar nicht mehr auffällt:

Alles ist (in) Bewegung.

Wir gehen davon aus, dass alles – wirklich absolut alles – in ständiger Bewegung ist. Ob Materie oder Nichtmaterie, wenn wir vom Großen ins Kleine zoomen, vom riesigen Universum bis zu den winzigsten Elementarteilchen, dann scheint es nirgends Stillstand zu geben. Auch die Zeit ist ein Kontinuum, von dem wir nur Zeit*spannen* messen können, so etwas wie fixe Zeit*punkte* gibt es nicht.

In unseren Gedanken können wir uns aber eine Vorstellung davon machen, dass etwas *ist*. Zum Beispiel sagen wir bei den Schwebedialogen, dass es gut so ist, wie es ist, einfach weil es so ist, wie es ist. In unseren Gedanken nageln wir alles und jeden fest. Wir fixieren, wie wir sind, wie andere sind, wie etwas *ist*. Und wir malen uns aus, wie etwas sein *könnte*, wie wir sein *könnten*, wie andere sein *könnten*.

Und das ist gut so.

Um effektiv kommunizieren zu können und damit unser Überleben zu sichern, müssen wir Menschen die Wirklichkeit in klare Begriffe fassen. Nur so können wir unsere Lebensbedürfnisse auch gedanklich erschließen.

Menschliche Grundbedürfnisse wie Luft, Wasser, Nahrung, Schlaf, Liebe, Geborgenheit, Wertschätzung oder Sicherheit sind unersetzlich und unverrückbar.

Was allerdings veränderbar ist, sind die Geschichten, die wir über diese Bedürfnisse erzählen. Die Narrative, die dir bewusst machen, was du brauchst, kannst du tatsächlich ändern. Es liegt in deiner Hand, welche Geschichten du dir und anderen erzählst. Deine Geschichten sind ohnehin einem permanenten Wandel unterworfen. Ihr Drehbuch ist in ständiger Bewegung, es werden Inhalte archiviert, wieder aufgewärmt, gelöscht, neu geschrieben und so weiter.

Im Gegensatz zu Bedürfnissen selbst, die wir uns nicht aussuchen können, sind die Geschichten, mit denen wir uns unserer Bedürfnisse bewusst werden, also durchaus austauschbar.

Aber *dass* wir Bedürfnisse haben, *dass* wir denken und *dass* wir glauben, darauf haben wir keinerlei Einfluss. Du kannst nicht kein Bedürfnis haben, nicht nicht denken oder nicht nicht glauben. Kurzfristig gelingt dir das vielleicht sogar, aber solange du am Leben bist, wirst du früher oder später ein Bedürfnis zu stillen haben, ein Gedanke wird dir in den Sinn kommen und du wirst ihn glauben oder glauben, ihn nicht zu glauben.

Das ist gut so.

Und das ist noch nicht alles.

Genauso, wie es in der Welt physikalisch gesehen keine Zeitpunkte gibt, gibt es in unserem Erleben auch keine fixen Zustände, sondern nur Bewegung und Veränderung. Jeder Zustand, den wir beschreiben, ist nur ein Konzept. Wir denken und fühlen ständig und immer, auf jeden Gedanken folgt ein nächster Gedanke, jedes Gefühl wird von einem nächsten Gefühl abgelöst und so weiter.

Unsere Gedankenwolken sind unser inneres Zuhause, das ständig im Fluss ist. Diesem Strom unseres Lebens können wir Rechnung tragen, er ist gleichsam Namenspatron der Methode »Schwebedialog«, ganz im Sinne von Schweben als einer Art freier Bewegung im Raum.

Den wahren Zauber der Schwebedialoge spürst du, wenn du ganz in deinen Geschichten aufblühst, sie leidenschaftlich glaubst – und gleichzeitig bemerkst, dass du sie glaubst. Dass du glaubst, die anderen könnten das Richtige tun, wenn sie nur die Wahrheit erkennen würden, wie du sie erkennst. Dass du glaubst, die Wahrheit wäre so und so … Dass du glaubst, die anderen wären so und so …, es wäre so und so … und so weiter. Du bemerkst deine Unfreiheit. Bemerkst, dass du keine Wahl hast, ob du Bedürfnisse hast, ob du denkst oder ob du glaubst, ob du Selbstbilder entwirfst, dir Vorsätze machst, Ratschläge erteilst, urteilst, Weisheiten von dir gibst.

Die Kraft des In-der-Schwebe-Haltens besteht darin, sich die *Freiheit* zu nehmen, die Unfreiheit des Denkens zu entdecken!

Wenn du dir denkst, »Ich will mich frei fühlen«, perfekt. Wenn du dir denkst, »Ich fühle mich frei«, perfekt. Wenn du dir denkst, »Ich fühle mich gefangen«, auch perfekt.

Was du denkst, muss ausgesprochen und ausgedrückt werden. *Was* du denkst, kann nicht falsch oder richtig sein, es ist austauschbar, es ist einfach eine Geschichte, die du erzählst und glaubst.

Du wendest sicher Tools und Methoden an, die dir helfen, dich wohlzufühlen, ausgeglichen zu sein oder dich auszupowern, deinen Horizont zu erweitern und so weiter. Perfekt! Schwebedialoge zu machen, bedeutet nicht, irgendeines dieser Tools zu ersetzen oder infrage zu stellen. Alles, was guttut, ist gut. Schwebedialoge sind eine Ergänzung zu allem, was du sonst so tust, kein Ersatz für irgendetwas!

Dieses Kommunikationsformat ist einzigartig, weil es etwas völlig Neues und in seinem Wesen Zusätzliches ist, das Räume und Perspektiven öffnet, die sonst verschlossen bleiben!

Am Ende eines Schwebedialogs bist du in Kontakt – mit dir selbst und mit anderen.

Du hast zugehört und wurdest gehört.

Du hast ausgedrückt, was du zu brauchen glaubst, und dir angehört, was andere zu brauchen glauben. Du hast den Film vorgeführt, der in deinem Kopf gerade läuft, und gezeigt, was dich beschäftigt, was dich Energie kostet, was dir Kraft gibt. Du hast gesehen, durch welche Brille dein Gegenüber die Welt gerade filtert, und Einblick genommen in seine oder ihre Gedankenwolke.

Das ist es!

Fassen wir zusammen: Alles ist Bewegung, in der Schwebe. Wenn du deine Glaubenssätze mit ganzer Leidenschaft glaubst, wenn du dich deinen Bedürfnisgeschichten hingibst, den lustigen wie den traurigen, den spannenden wie den eintönigen, den klaren wie den verwirrenden, dann bist du mittendrin in deinem Leben. Dort, wo du sowieso immer warst, bist und sein wirst. Dann bist du live dabei, mitten im Geschehen, und siehst dich im Kino sitzen vor deinem eigenen Film, mal wütend, mal traurig, mal euphorisch, mal ausgelassen ...

Wenn du nun also den Glauben, etwas tun, sein oder denken zu müssen, in der Schwebe hältst, entdeckst du vielleicht,

nichts tun, nichts sein, nichts denken zu müssen

und zugleich

alles tun, alles sein, alles denken zu können!

Du kannst die wunderbare Erfahrung machen, dass nicht das, *was* du glaubst, dich mit deinen Mitmenschen verbindet, sondern allein die Tatsache, *dass* du glaubst.

Das ist alles.

Und natürlich ist auch das eine Geschichte.

Eine, von der *wir* glauben, dass sie wahr ist.

Wo ist das Problem?

oder

Der Konflikt bin ich

Jetzt geht es um: nichts Geringeres als unsere Werte, Haltungen, Ethik, Moral, Überzeugungen …

Wir alle kennen es: Die Geschichten, von denen wir glauben, dass sie wahr sind, müssen nicht unbedingt mit denen übereinstimmen, die unsere Mitmenschen für wahr halten. Wenn wir das bemerken, löst es etwas in uns aus und wir reagieren auf die eine oder andere Weise.

So weit, so gut.

Deine Glaubenssätze, Wertehaltungen und Überzeugungen sind nicht einfach nur ein x-beliebiger Teil von dir. Im Gegenteil, deine persönliche Sicht der Welt gibt dir inneren Halt, Stabilität und Kontinuität, sie ist dein geistiges Rückgrat. Und du bist nicht allein. Du wirst immer Gleichgesinnte finden, sei es privat oder beruflich, im kleinen Kreis deiner Familie und Freunde oder im großen Rahmen von Verbänden, Vereinen, Parteien, Bewegungen, Kulturkreisen oder Staatengemeinschaften.

Wenn deine Bedürfnisse, Werte, Überzeugungen und Interessen mit denen anderer Menschen übereinstimmen, sie sich gegenseitig befruchten oder zumindest nicht im Wege stehen, könnt ihr gemeinsam Dinge schaffen, die für jeden von euch allein unmöglich wären. Im archaischen Sinne sichert ihr euch damit gegenseitig das Überleben. Prima.

Wenn aber deine Interessen, Zielsetzungen oder Wertvorstellungen mit denen anderer Menschen unvereinbar sind (oder es auch nur so scheint), prallen eure Welten aufeinander und es kommt zum Konflikt. Auch prima.

Wenn du Artikel liest, Kommentare durchscrollst oder Nachrichten jedweder Art, über welche Kanäle auch immer, konsumierst, stößt du überall und ständig auf gegensätzliche Meinungen. Das Muster ist im Grunde immer dasselbe: Die eigene Position wird untermauert und positiv hervorgehoben und im Gegenzug dazu wird alles, was davon abweicht, entkräftet, entlarvt, persifliert. Oder man empört sich und warnt vor Gefahren.

Nimm dir einmal die Zeit und betrachte alles, was du im Laufe eines Tages so hörst, siehst und liest, unter diesem Aspekt. Egal, ob es um Arbeit, Politik, Kunst, Musik, Mitmenschen oder was auch immer geht. Für uns Menschen scheint letztlich nur die eigene Sichtweise die richtige zu sein. Wir können andere Meinungen gerne tolerieren, dulden oder sogar schätzen, aber am Ende, wenn wir wirklich ehrlich sind, ist die eigene Meinung doch irgendwie die richtigere, die plausiblere, die sinnvollere, oder? Die eigenen Werte, der eigene Geschmack gelten, während alle anderen Ansichten im Grunde einfach falsch sind. Andersdenkende sind fehlgeleitet oder hasserfüllt oder verdummt oder ignorant oder manipulierbar oder brainwashed oder gleichgeschaltet und so weiter.

Kurz zusammengefasst: Andersdenkende irren sich einfach.

Die größte Ironie dabei ist: Du kannst dir sicher sein, dass diejenigen, von denen du glaubst, dass sie falschliegen, natürlich genau das Gleiche über dich denken! Aber wer hat recht? Du oder sie? Du denkst natürlich, du hast recht. Sie denken natürlich, dass sie recht haben. Du meinst, sie irren sich?

Sie meinen, dass du dich irrst. Es gibt wohl nichts, worin ihr euch so sehr gleicht (fast wie ein Ei dem anderen) wie in diesem Punkt.

Was tun mit diesem Dilemma?

Um es klar zu sagen: Schwebedialoge können einen wertvollen Beitrag zur Klärung von Konfliktursachen leisten. Sie haben oft auch Einfluss auf das Konfliktverhalten. Aber sie dienen *nicht* der konkreten Konflikt*lösung*! Die Lösung von Konflikten steht nicht im Fokus unseres Kommunikationsformats!

(Anmerkung: Für die Konfliktlösung gibt es bekanntermaßen eine Vielzahl ausgereifter Methoden, auf die hier natürlich nicht näher eingegangen wird.)

Schwebedialoge sind ein offenes Kommunikationsformat *ohne* Lösungssuche. Es geht nicht darum, Konflikte zu lösen, sich zu einigen oder auch nur einigen zu wollen, zu sollen, zu müssen. Es geht weder um eine gemeinsame Version noch um einen übereinstimmenden Wirklichkeitsglauben.

Schwebedialoge lösen keine Probleme oder Konflikte, sondern öffnen den Raum für ganz neue Möglichkeiten und Sichtweisen.

Nehmen wir ein einfaches Beispiel:

Geschichte A: *»Ich will mich frei entfalten können und finde, dass mich zu hohe Steuern dabei einschränken.«*

Geschichte B: *»Für mich ist es wichtig, dass alle gleichermaßen Steuern zahlen müssen, damit jeder seinen Beitrag zu den gemeinsamen Kosten leistet.«*

Der Konflikt ist offensichtlich: Auf der einen Seite steht das Bedürfnis nach individueller Entfaltung unter möglichst wenigen Einschränkungen, auf der anderen Seite das Bedürfnis nach Gerechtigkeit und gemeinsam getragener Verantwortung. Konflikte dieser Art sind Dauerbrenner, nicht nur bei uns, sondern weltweit.

Was aber kannst du selbst tun, wenn du dich im Recht fühlst und jemandem gegenüberstehst, der sich ebenfalls im Recht fühlt? Wenn eure Ansichten diametral entgegengesetzt sind? Du weißt, dass dein Gegenüber das Gleiche tut wie du, nämlich zu glauben, dass seine oder ihre Realität wahr ist. Unser Ansatz ist hier:

Deine eigene Meinung ist eine Geschichte, die du glaubst.

Die Meinung deines Gegenübers ist eine Geschichte, die er oder sie glaubt.

Punkt.

Wenn du dich mit deinem Mann, deiner Frau, deiner Freundin, deinem Freund, deinem Kollegen streitest, wenn du dich richtig ärgerst über die Uneinsichtigkeit, über die immer gleiche Ungerechtigkeit, über die Sturheit dieser Person, dann machst du immer das Gleiche, völlig unabhängig vom konkreten Anlass oder Thema: Du glaubst, dass das, was du denkst und fühlst, wahr ist. Du glaubst dir selbst deine Geschichte. Das ist der einzige Fokus beim In-der-Schwebe-Halten. Dein Problem bist du selbst, nicht die oder der andere. Nur du selbst. Gemäß dem Motto: *»Der Friede beginnt in mir«*.

In den Erläuterungen zu der Bedürfniskarte haben wir betont, dass du den Ausdruck deiner Bedürfnisse dort nicht relativieren oder verwässern solltest. Das ist wirklich wichtig. Dort ist der Platz zu sagen: *»Ich brauche von dir …«*. Dort soll alles so gesagt werden, wie es im Moment für dich nun einmal ist.

Und genau das hältst du anschließend in der Schwebe. Aber erst anschließend!

»Ich glaube zu brauchen …«

Dein Film.

In einem Beziehungskrach könntest du also mit der Praxis des In-der-Schwebe-Haltens deine Aussagen im Nachhinein umformulieren.

Statt:

»Kannst du bitte endlich einmal damit aufhören, immer gleich wegen jeder Kleinigkeit aggressiv zu werden?«

sagst du nun (zumindest innerlich):

»Ich glaube von dir zu brauchen, dass du nicht immer gleich so aggressiv wirst und wegen jeder Kleinigkeit in die Luft gehst.«

Bemerkst du den Unterschied?

Deine Vorwürfe und Schuldzuweisungen drückst du zwar immer noch aus – weil sie einfach rausmüssen. Aber du leitest sie in eine persönliche Empfindung über (den Glauben an die Wahrheit deiner Gedanken und Gefühle) und machst dir bewusst, dass diese Empfindung dein persönlicher Blickwinkel ist. Damit verlagerst du den Fokus: Er liegt nun bei dir.

Das bringt eine echte Herausforderung mit sich. Du kannst dann die Schuld für deine Wut nicht mehr so einfach bei anderen suchen. Sicher, es liegt nahe zu glauben, der oder die andere sei schuld an deinem Ärger. Das denken wir doch alle gern.

Wenn du aber dabei bleibst, dir bewusst zu machen, dass es jetzt eben gerade diese Geschichte ist, die du dir glaubst – nicht mehr und nicht weniger – dann wirst du merken, wie deine Vorwürfe und Schuldzuweisungen allmählich an Gewicht verlieren. Sie verblassen einfach. Und werden abgelöst von einem Gefühl tiefer Gegenwärtigkeit.

Der vielleicht herausforderndste Punkt beim In-der-Schwebe-Halten in Konfliktsituationen besteht also darin, wirklich nur bei der eigenen Geschichte zu bleiben und nicht anderen zu sagen, wie diese mit ihren Geschichten umzugehen haben. Schließlich musst auch du dir gegebenenfalls schwere Vorwürfe anhören, selbst wenn sie als »Die Geschichte, die ich glaube, ist …« formuliert sind. Du könntest in Versuchung geraten, die Geschichte des*der anderen *abzuwiegeln*. Eine reflexartige Reaktion von dir könnte so klingen:

»Das ist ja nur eine Geschichte, die du glaubst!«

Oder: *»Das glaubst du ja nur, weil es dein Film ist.«*

Stopp!

Wie gesagt, das Konzept der Schwebedialoge ist, dass alles eine Geschichte ist, was selbst auch eine Geschichte ist! Wir erzählen hier in diesem Buch unsere Geschichte davon, dass für uns alles eine Geschichte ist. Wir erzählen dir nicht, welcher Film bei dir läuft, sondern welcher Film bei uns läuft!

Wirklich nur bei der eigenen Story zu bleiben, ist in der Praxis viel anspruchsvoller, als es auf den ersten Blick scheint. Vor allem, wenn es um wirklich tiefe Glaubenssätze geht, um Werte, Moral, Anstand, die eigene Integrität, Kultur, Ethik oder um Schuldfragen, Scham und den eigenen Selbstwert. Denke an den Anfang dieses Buches, an deine Selbstbilder und Urteile, alle deine Vorstellungen von der Welt, wie sie ist und wie sie sein sollte oder sein könnte, wie du bist, sein solltest oder sein könntest und wie die anderen sind, sein sollten oder sein könnten.

Alles findet in deiner ganz persönlichen Wertehierarchie statt.

Das ist gut.

Und das hat interessante Folgen.

Je höher der Inhalt eines Konflikts in dieser Hierarchie angesiedelt ist, desto emotionaler wirst du reagieren, desto mehr geht es dir wirklich um etwas und desto weniger bist du bereit oder hast überhaupt noch Lust, anzuerkennen, dass auch das eine Geschichte ist, von der du glaubst, dass sie wahr ist. Wenn es um eine offene Zahnpastatube geht, wirst du wahrscheinlich weniger emotional sein, als wenn es um Eifersucht geht. Je nachdem, ob dir etwas auf deiner persönlichen Werteskala mehr oder weniger an die Nieren geht. Mal kostet es dich ein müdes Lächeln, mal gehst du wie eine Rakete in die Luft.

Deshalb ist es eine Sache der Übung!

Und es ist jedes Mal aufs Neue den Versuch wert:

Lenke deinen Fokus *weg* von der Mitschuld der anderen an deinem eigenen Zustand.

Lenke deinen Fokus *hin* zu dir selbst, zu deiner Hingabe an das Leben, zu deinem unbedingten Glauben an die Wahrheit deiner eigenen Gefühle und Gedanken.

Auf diese Weise bleibst du bei deiner Geschichte.

Bedenke, dass auch deine Schuldzuweisungen und Verurteilungen Ausdruck deiner vitalen Lebenskraft sind! Nicht mehr und nicht weniger. Wenn du lernst, sie in der Schwebe zu halten, musst du vielleicht nicht mehr versuchen, eine Lösung für sie zu finden.

Das tut enorm gut.

Das ist die ultimative, hundertprozentige Konzentration auf die eigene Geschichte.

Ein anderer entscheidender Knackpunkt im Konfliktfall kann das Nichtlösen des Problems sein.

Es liegt offensichtlich in unserer tiefsten Natur, Problemstellungen lösen zu wollen. Und das ist auch absolut perfekt so. Nichtsdestotrotz gibt es aber auch viele Reibungspunkte im Leben, die ihrer Beschaffenheit nach keine eindeutige Lösung haben können. Liebe, Partnerschaft, Familie, Freunde, Wirtschaft, Politik, es gibt so viel Aufeinanderprallen gegensätzlicher Bedürfnisse – in der äußeren wie in der inneren Welt des Menschen –, dass es schier unmöglich scheint, alle diese Interessenskonflikte auflösen zu können, so sehr wir uns auch bemühen, so sehr wir auch motiviert sind. Unser gewinnbringendes und nützliches Problemlösungsparadigma kommt immer wieder an seine natürlichen Grenzen.

In diesen Bereichen leisten die Schwebdialoge einen wesentlichen und völlig neuen Beitrag.

Wir können einmal ganz davon ablassen, nach Antworten und Auswegen zu suchen.
Wir können jenseits von Lösungen miteinander kommunizieren.

Jeder von uns begegnet in seinem Leben ausweglosen Situationen, denken wir allein an die Tatsache, dass unsere Liebsten allesamt sterben werden, und das gilt auch für uns selbst. Allein für dieses eine »Problem«, unsere Vergänglichkeit, gibt es schon keine Lösung.

Was wir vorschlagen, ist Folgendes: Wenn du nach der Lösung eines Konflikts oder Problems suchst, perfekt. Wenn du eine Lösung findest, großartig. Wenn du keine Lösung suchst, genauso gut. Wenn du verzweifelt eine Lösung suchst, aber keine finden kannst, hervorragend. Der Punkt ist nicht, ob es eine Lösung gibt oder nicht und ob du eine suchst und findest oder nicht. Der Punkt ist einfach nur, dass es nicht um die Lösung geht.

Wir lenken die Aufmerksamkeit *weg* von der Lösungssuche.

Wir lenken die Aufmerksamkeit *hin* zu dem, was wir unabhängig von der Sache selbst immer tun, nämlich, sie zu glauben.

Ein Problem lösen zu wollen, ist also gar nicht schlecht, genauso wenig, wie es schlecht wäre, es nicht lösen zu wollen. Es geht beim In-der-Schwebe-Halten nur einfach nicht ums Lösen, nicht um den Sachverhalt und auch nicht um den Gegenspieler. Das kann ein echter Segen sein! Vor allem, aber nicht nur, bei kniffligen Problemen oder in besonders emotionalen Auseinandersetzungen. Denke nur an die klassischen Pattsituationen im Leben oder wenn du mit einer Initiative in die Sackgasse gerätst oder ein persönliches Engagement ins Leere führt. Schwebedialoge befreien dich in ausweglosen Momenten von dem Zwang, eine Lösung finden zu müssen.

Es kann eine Wohltat sein, in einem Streit auch einfach mal sagen zu können: »Okay, wir werden uns nicht einig werden«, und das einfach so stehen zu lassen. Es muss nicht immer eine Einigung geben. Wenn ich deine Geschichte und deine Bedürfnisse kenne und dir gleichzeitig meine Geschichte und meine Bedürfnisse mitteilen kann, können wir es vielleicht, nachdem unsere Bedürfnisse in dieser Sache gegensätzlich und damit unvereinbar zu sein scheinen, einfach einmal dabei belassen, dass wir (heute) keine Lösung finden.

Bei den Schwebedialogen dreht sich alles um den Kontakt. Darum, im Gespräch zu bleiben und im offenen Austausch der Bedürfnislagen. Das allein kann in Konflikten schon enorm entspannend sein, denn es macht dich frei vom Dogma der Lösungssuche und frei vom Zwang zur Einigung. Dafür gewinnst du obendrein Raum für völlig neue Perspektiven. Probiere es aus!

Das ist die Geschichte von Schwebedialogen in Konfliktsituationen, von der wir wirklich glauben, dass sie wahr ist.

Und das ist gut so.

Vergiss, was du denkst!

oder

Jenseits von Lessons Learned

Wir Menschen lassen die Dinge gerne Revue passieren, oft ganz automatisch und gar nicht bewusst. Es liegt einfach in unserer Logik, aus unseren Erfahrungen Schlüsse zu ziehen und ihnen einen Sinn zu geben. Im Rückblick fassen wir das Erlebte zusammen, formen Geschichten daraus, resümieren, was gut oder schlecht gelaufen ist, was wir wieder so oder ganz anders machen würden. Wir wollen aus Erfahrungen lernen und immer lautet die Frage: Welche Einsichten gewinnen wir?

Diese Frage stellen wir uns nicht nur im privaten Leben, »Lessons Learned« ist gerade in der Teamarbeit ein unverzichtbarer Bestandteil jedes Projektverlaufs. Immer wieder blicken wir zurück, um »dort« (vorhin, gestern, letzte Woche …) wertvolle Erfahrungen zu sammeln. Denn sowohl positive als auch negative Erkenntnisse können wesentlich zum zukünftigen Erfolg beitragen. Sie liefern Anhaltspunkte, um künftig Fehler zu vermeiden und Risiken zu verringern. Im familiären und gesellschaftlichen Zusammenleben, im gemeinsamen Gestalten und Handeln ist es von großem Nutzen, immer wieder zurückzublicken und Vergangenes zu reflektieren.

Welche Lehren können wir ziehen aus dem, was wir getan haben?

Welche Schlussfolgerungen ergeben sich für uns aus den Konsequenzen unseres Handelns?

Seit du dich als Kind im Spiegel als »Ich« erkannt hast, seit du andere Personen als getrennt von dir wahrgenommen hast und seit du eigenständig denken kannst, glaubst du dir deine Bedürfnisgeschichten und dass du dies und jenes brauchst. Manches brauchst du unmittelbar und körperlich, wie Luft, Wasser, Schlaf oder Nahrung, anderes brauchst du für dein geistiges und seelisches Wohlergehen, wie Liebe, Geborgenheit, Wertschätzung oder Sicherheit. Selbstreflexiv überprüfst du deine Handlungen auf ihre Wirksamkeit in Bezug auf die Befriedigung deiner Bedürfnisse. Was auch sonst? Du schaust zurück auf dein Verhalten und prüfst es auf seine Effektivität hin: *»Das habe ich toll hinbekommen, das mache ich beim nächsten Mal genauso!«* Oder: *»Das war ein totaler Fehlschlag, ich habe alles verkehrt gemacht, das darf mir nicht noch einmal passieren.«* Oder: *»Ich werde in Zukunft darauf achten, erst gar nicht in so eine Lage zu kommen.«* Und so weiter.

Und das ist gut so.

Erkenntnisse aus dem Gestern in unsere Planungen für das Morgen miteinzubeziehen, gehört per se zur Basis unserer Weiterentwicklung als Homo sapiens. Es hat uns auf unserem evolutionären Weg das Überleben gesichert, vor allem als Gemeinschaft. Lektionen aus bisherigen Handlungen zu ziehen, um gewappnet zu sein für die Zukunft, ist uns sozusagen strategisch in Fleisch und Blut übergegangen. Wir reflektieren über unsere Glücksgriffe und Fehlgriffe auf einer abstrahierten Denkebene und entwerfen daraus die passenden Schablonen für unser zukünftiges Handeln. Das Prinzip »Lessons Learned« hat sich offenbar als derart nützlich für die Befriedigung unserer Bedürfnisse erwiesen, dass es längst zu einem allgemeinen Paradigma unserer Gesellschaft geworden ist, und zwar in sämtlichen Lebensbereichen. Wir würden es niemals infrage stellen.

Das ist absolut perfekt so.

Es ist perfekt, zurückzuschauen und aus Fehlern zu lernen. Ohne dieses Lernen wäre keinerlei Fortschritt möglich. Wie auch immer du dein Verhalten konkret beurteilst, dein inneres »Lessons Learned« ist aus deiner Gedankenwolke, deinem 3-D-Lebenskino, nicht wegzudenken.

Wunderbar.

Das Prinzip des In-der-Schwebe-Haltens – mit dem Fokus darauf, dass jeder Gedanke eine Geschichte ist, von der du glaubst, dass sie wahr ist – schließt natürlich auch das Lernen aus Fehlern ein. Du lenkst deine Aufmerksamkeit konkret darauf, *dass* du glaubst, aus deinen Fehlern lernen zu können, zu sollen oder zu müssen. *Dass* du glaubst, es sei wichtig für dich, deine Erfahrungen zu machen und deine Vergangenheit stets genau zu analysieren. *Dass* du glaubst, daraus wertvolle Hinweise für deine Zukunft zu generieren.

Wenn du all das regelmäßig in der Schwebe hältst, wird das einen überraschenden Effekt haben. Der fundamentale Paradigmenwechsel setzt sich hier weiter fort, wenn du bemerkst:

Genauso wenig, wie du direkte Aufmerksamkeit auf das Lösen von Problemen legen musst, musst du dich auch gar nicht auf das Lernen aus Erfahrungen konzentrieren.

Vielleicht ist das für dich ein ungewohnter Ansatz, weil du dieses Lernprinzip in einer ausgeprägten Leistungskultur über Jahre tief verinnerlicht hast und längst ganz automatisch anwendest. Du führst dir vielleicht erstmalig einen der stärksten unhinterfragten Glaubenssätze vor Augen, nämlich dass du immer aus allem, was geschieht, deine Lehren ziehen solltest.

Nach dem Sinn und Nutzen dessen zu fragen, was uns im Leben widerfährt, gehört zu den stichhaltigsten

Überzeugungen unseres geistigen Daseins. Wenn wir stattdessen unsere Konzentration darauf richten, *dass* wir uns im Moment diese Überzeugung glauben und sie in der Schwebe halten, erfahren wir die wahre Kraft der Schwebedialoge direkt am eigenen Leib, rein biologisch: Unser Gehirn, unser Nervengewebe, unser ganzer Körper, unser Geist..., all das bildet zusammen eine hochkomplexe Feedbackmaschine. Das Lernen aus Erfahrungen ist ein essenzieller Rückkopplungsaspekt unseres Nervensystems. Etwa hundert Milliarden Nervenzellen sind über eine Trillion Synapsen miteinander verbunden, wobei jede einzelne Nervenzelle mit bis zu dreißigtausend anderen Nervenzellen vernetzt sein kann. Und dieses gigantische Netzwerk formiert sich auch noch ständig neu, das heißt, Synapsen werden abgebaut und an anderer Stelle wieder aufgebaut, je nachdem, wie sich die Anforderungen an das System gerade entwickeln. »Lessons Learned« ist ein intrinsischer Teil unseres natürlichen Biofeedbacksystems und nicht erst als modernes Konzept des Projektmanagements entstanden. Als methodisches Instrument ist es zwar in unserer beruflichen, institutionellen und sozialen Zusammenarbeit unerlässlich und benötigt einen entsprechenden Fokus, aber für uns persönlich ist es ein derart inhärenter und unabkömmlicher Selbstläufer, dass wir im Grunde vollständig darauf verzichten können, ihm besondere Aufmerksamkeit zu schenken.

Die Methode der Schwebedialoge basiert auf einer unkonventionellen Aufmerksamkeitsökonomie, die bei langfristiger Anwendung nicht nur zu einem nachhaltigen Perspektivenwechsel führt, sondern ein völlig neues Paradigma beschreibt: Deine Wahrnehmung konzentriert sich immer weniger (wie gewohnt) auf den Inhalt deiner Gedanken, Gefühle, Überzeugungen, Aufgabenstellungen und so weiter und dafür immer mehr darauf, zu bemerken, was du gerade tust, nämlich diesen Inhalt, welchen auch immer, zu glauben. Der Inhalt – beispielsweise, dass das Leben per se eine ewige Lernaufgabe sein muss – spielt nicht mehr die Hauptrolle. *Dass* du daran glaubst, ist der eigentliche große Auftritt. Diese kompromisslose Verschiebung deines Augenmerks kannst du dir deshalb leisten, weil du dich darauf verlassen kannst, sowieso immer im Interesse deiner Bedürfnisse zu handeln.

Perfekt.

Wir haben hier das Prinzip des Lernens aus Erfahrung exemplarisch herausgepickt, weil es wesentlich zu unserem selbst gemachten Stress beiträgt.

Es würde sich natürlich auch noch vieles andere anbieten, um eine Verlagerung der Aufmerksamkeit auszuprobieren, zum Beispiel die Illusion von Zeitpunkten, von Stabilität und Kontinuität. Oder die Idee, auf eine bessere Zukunft zu hoffen. Oder der Grundsatz, klare Ziele formulieren zu müssen. Der Glaube, dass ohne Plan kein Erfolg eintritt. Ohne Fleiß kein Preis. Probleme sind zum Lösen da …

Da dies alles auch nur weitere Prinzipien, Glaubenssätze, Ideen oder Vorstellungen sind, betrachten wir sie als Modellierungen, sozusagen als Genres unserer Erzählkunst. Bei den Schwebedialogen unterscheiden wir ohnehin nicht zwischen solchen und solchen Geschichten. Du kannst also das Verschieben deines Fokus *weg* vom

Inhalt und *hin* zum Glauben analog auf alle deine Geschichten gleichermaßen anwenden. Im Sinne einer bewussten Aufmerksamkeitsökonomie kannst du jeden Stress, den du dir selbst machst, entscheidend und dauerhaft reduzieren.

Zurück zum Lernen aus Erfahrungen: Je mehr, je öfter, je länger du das In-der-Schwebe-Halten praktizierst, desto besser wirst du die erstaunliche und entspannende Qualität des *Vergessens* kennenlernen. Wenn Gedanken, mit denen du dich schon »gewohnheitsmäßig« selbst stresst und fertigmachst, in den Hintergrund treten können oder sogar ganz in Vergessenheit geraten.

Wenn du deine Aufmerksamkeit beharrlich *weg* vom Inhalt deiner stressigen Gedanken und Gefühle *hin* zu deinem unbedingten Glauben an sie lenkst, dann bedeutet das auf neuronaler Ebene, dass die Nervenverbindungen, die diese Gedanken und Gefühle repräsentieren, schwächer werden, da sie weniger häufig aktiviert werden. Auf lange Sicht kann diese Veränderung in der neuralen Aktivität dazu beitragen, dass die stressenden Gedanken seltener auftreten und möglicherweise gänzlich aus deinem bewussten Denken verschwinden. Der Grund liegt darin, dass das Gehirn eine Form der »Plastizität« besitzt. Es passt sich an die veränderte Nutzung seiner Ressourcen an und priorisiert Gedankenmuster, die regelmäßig genutzt werden, während weniger genutzte Verbindungen schwächer werden.

Somit eröffnet die gezielte Verlagerung deiner Aufmerksamkeit die biochemische Möglichkeit, deine Gedankenwelt umzustrukturieren und dich neuen Erfahrungen gegenüber aufgeschlossener zu machen. Das Ergebnis: Du wirst unweigerlich offener für Neues!

In-der-Schwebe-Halten bringt das Vergessen als gute Qualität in dein Leben. Nichts, was du glaubst, kann zu einem lästigen Dogma werden, wenn du weißt, dass du selbst es glaubst und dadurch zu einem Dogma machst.

Und jetzt noch ein abschließendes Beispiel:

Stell dir vor, du bist nach einer langen Arbeitswoche total erschöpft und möchtest eigentlich nur noch deine Ruhe haben. Trotzdem kommt dir der Gedanke: *»Ich sollte wirklich mal wieder Sport treiben!«*

Wie gehst du damit um?

Denkst du vielleicht: *»Ich muss aufhören, mich so unter Druck zu setzen. Das ist nicht gesund.«*

Oder entscheidest du: *»Ich ignoriere diesen Gedanken jetzt einfach, damit ich entspannter bin.«*

Vielleicht aber akzeptierst du den Gedanken auch einfach: *»Okay, ich nehme diesen Gedanken an, wie er ist.«*

Und es gibt noch viele andere Möglichkeiten, wie du reagieren könntest. Jede dieser Reaktionen ist natürlich wieder eine ganz *eigene* Geschichte für sich.

Also nochmal: Es gibt nichts zu verbessern! Keine Gegengeschichte. Keine Relativierung. Kein Loslassen. Kein Einlassen. Kein Annehmen. Wenn du einen Gedanken in der Schwebe hältst, drehst du ihn nicht um, nimmst ihn nicht an, lässt ihn nicht los, findest ihn nicht blöd, bekämpfst ihn nicht und machst ihn auch nicht klein oder groß.

Du bemerkst nur, *dass* du das gerade denkst, fertig.

Und so weiter.

Und so weiter.

Und so weiter.

Illusion von Kontrolle

oder

Wenn Lösung keine Lösung ist

Kommen wir noch einmal zurück zu deinen Selbstbildern, Vorsätzen, Ratschlägen, deinen Weisheiten und Urteilen vom Anfang des Buches.

Alle diese Glaubensinhalte hast du nicht im luftleeren Raum und auch nicht im stillen Kämmerlein für dich allein entwickelt. Nichts davon ist einzigartig oder neu, denn dein Denken und Fühlen, mein Denken und Fühlen und das Denken und Fühlen aller Menschen hat eine sehr lange evolutionäre Vorgeschichte.

In einer frühen Phase entwickelten unsere Vorfahren die Fähigkeit, das Feuer zu beherrschen, dieser Naturgewalt also nicht mehr nur ausgeliefert zu sein, sondern sie aktiv und *kontrolliert* nutzen zu können. Diese neue Errungenschaft ermöglichte es ihnen, Nahrung zu kochen und zu konservieren. Dadurch wurden Gemüse und Fleisch leichter verdaulich und die Kalorienaufnahme deutlich erhöht – mit signifikanten Auswirkungen auf die Entwicklung unseres Gehirns. Die resultierende Zunahme der Gehirnmasse ermöglichte weitere Fortschritte wie Ackerbau und Viehzucht, die die verfügbare Kalorienmenge noch weiter erhöhten und das Gehirnwachstum zusätzlich beschleunigten. Heute benötigt das menschliche Gehirn etwa zwanzig Prozent unserer gesamten Energiezufuhr!

Ein weiterer Meilenstein war die Herstellung der ersten Werkzeuge. Um Faustkeile zu produzieren – also jenes ultimative Steingerät, das über eineinhalb

Millionen Jahre hinweg zum Hacken, Schneiden, Schaben, Bohren und Hämmern verwendet wurde –, entwickelten unsere Urahnen einen genauen *Plan* für die Abfolge der Bearbeitung des harten Materials. Ohne Plan kein Faustkeil.

Unser heutiges Gehirn, das alle unsere aktuellen Gedankenwolken hervorbringt, konnte seine Denkfähigkeiten erst allmählich entwickeln. Erst als wir Menschen lernten, einerseits die Elemente unter unsere *Kontrolle* zu bringen und andererseits komplexe Handlungsschritte zu *planen*, also gedanklich vorwegzunehmen und abstrakte Ideen und Konzepte von Generation zu Generation weiterzugeben, bildete sich unser gesamtes geistiges Vermögen heraus, unser Verstand, auf den wir heute so stolz sind.

Großartig!

Diese Entwicklungen fanden natürlich in gegenseitigem Wechselspiel statt. Ohne Feuer keine Zunahme der Kalorienzufuhr. Ohne Steigerung der Energiezufuhr kein Wachstum der Gehirnmasse. Ohne größeres Gehirn keine Pläne, die sprachlich abstrakt kommunizierbar gewesen wären. Ohne Sprache keine Arbeitsteilung, die Möglichkeiten für Spezialisierungen schafft, und so weiter.

Insbesondere die beiden Schlüsselelemente *Kontrolle* und *Plan* waren grundlegende Voraussetzungen dafür, dass sich unser neuronales Netz zu seiner heutigen Komplexität entwickeln konnte.

Als Schöpfer und Heimat unseres geistigen Vermögens ist unser Gehirn groß geworden mit der Vorstellung, elementare Kräfte wie das Feuer unter seine Herrschaft bringen zu können. Unser Gehirn ist erst zu seiner wahren Größe herangewachsen mit der Entwicklung der Fähigkeit, durchdachte Ziele herauszuarbeiten, Ideen und Vorstellungen von Arbeitsweisen zu entwickeln, spezifische Verkettungen von Handlungen und Abläufen zu definieren.

Die Idee der Kontrollierbarkeit und Planbarkeit bildet die solide Grundlage für unsere Vorstellung von der Welt, wie sie uns umgibt und uns zu Füßen liegt. Eine Welt, die wir analysieren können, die wir handhabbar und nutzbar machen können, in die wir umfassend eingreifen können. Eine Welt, die wir beherrschen können.

Perfekt.

Bitte nimm dir jetzt kurz Zeit, darüber nachzudenken, das ist ein wichtiger Punkt!

Hast du nicht auch zu jeder Aufgabe eine Idee, wie man sie erledigen könnte? Hast du nicht für jedes Problem einen Lösungsvorschlag oder eine Idee, einen Ansatz? *»Man könnte ja noch versuchen …«* Kannst du dir eine knifflige Situation ausdenken, in der du stecken könntest, ohne für dich selbst einen Ratschlag parat zu haben?

Auch das ist perfekt.

Und nicht nur das.

Wenn ein Problem zu groß erscheint, um schnell und einfach gelöst zu werden, wenden wir oft den einfachen Trick an, nicht alles auf einmal anzugehen, sondern Schritt für Schritt vorzugehen. Wir zerlegen komplexe Fragen in viele kleine Detailfragen, bis wir lösbare Einzelprobleme haben. Und da wir im Leben mit den unterschiedlichsten Herausforderungen konfrontiert sind, sehen wir uns vor allem eines tun: Einzelprobleme lösen. Oder anders gesagt: Herausforderungen meistern.

Sehen wir uns mit einer Herausforderung konfrontiert, gehen wir in der Regel immer nach demselben

Schema vor: Zuerst identifizieren und benennen wir das konkrete Problem. Dann machen wir uns klar, wo wir hinwollen, was also unsere Ziele sind. Anschließend suchen wir nach Ideen, wie wir dort hinkommen können. Aus den Lösungsansätzen picken wir uns dann den besten heraus, oft den einzigen, der wirklich Sinn macht, und legen mit der Umsetzung los. Manchmal klappt das und das Problem ist damit gelöst. Und wenn nicht? Dann haben wir es zumindest versucht. Aber wie es auch ausgeht, eines steht fest: Die nächste Herausforderung wartet schon! Vielleicht ist es etwas völlig Neues, oder wir müssen an das alte Problem noch mal ran, diesmal mit einer neuen Strategie. So oder so, es hört nie auf. Ein Problem wird gelöst, das nächste steht schon parat – und so weiter und so weiter.

Wenn wir uns in eine Problemstellung so richtig verbeißen, machen wir das so lange, bis wir das Ding geknackt haben. Das ist dann superbefriedigend. Beharrlichkeit und Geduld gelten als Erfolgsfaktor Nummer eins. Wir können im Grunde, zumindest theoretisch, jede erdenkliche Herausforderung meistern. Mit unserer Fähigkeit, vorausschauend zu *planen,* können wir Antworten auf Fragestellungen aller Art entwickeln. Damit einher geht unweigerlich auch eine Vorstellung davon, das Leben *kontrollieren* zu können, Einfluss auf unsere Mitmenschen nehmen zu können und sogar uns selbst zu beherrschen, also Macht über uns selbst erlangen zu können, Stichwort Selbstdisziplin.

Und natürlich ist auch das eine Geschichte.
Eine Geschichte, mit der wir alle groß geworden sind.

Mit unseren Selbstbildern vermitteln wir uns selbst die Sicherheit, so oder so zu sein, dieses oder jenes abzulehnen, für dies oder das einzustehen. Wir ordnen uns selbst ein in einen Kontext, etikettieren uns mit Eigenschaften, definieren uns mit Attributen, identifizieren uns mit Haltungen und Werten.

Wir erschaffen tatsächlich den Traum, uns selbst als eine planbare, berechenbare, beherrschbare Entität ausgestalten zu können, die sich wiederum in die Gesellschaft einbringen und diese mitgestalten kann. Aus dieser Vorstellung beziehen wir unseren beruflichen Wert, unseren Wert in der Familie und in der sozialen Gemeinschaft und nicht zuletzt auch unseren Selbstwert. Selbstkontrolle – Einfluss – Gestalten. Das gehört als unabdingbarer Teil zu unserem Leben als Mensch unter Mitmenschen.

Und das ist gut so.

Aber die Geschichte ist damit noch nicht zu Ende.

Dein Leben treibt dich nämlich trotzdem immer wieder in ausweglose Situationen, die sich deiner Kontrolle zu widersetzen scheinen und auf die du keinen Einfluss nehmen kannst. Manche Umstände lassen sich einfach nicht zu deinem Vorteil drehen, egal was du tust und was du dir ausdenkst und welchen Lösungsweg du probierst. Du willst Kinder kriegen, es ist aber biologisch nicht möglich. Du liebst Lisa über alles, sie liebt dich aber nicht. Du würdest dich gerne frei und unbeschwert fühlen, aber es will sich einfach keine Leichtigkeit einstellen. Du brauchst für deine Firma dringend qualifiziertes Fachpersonal, kannst aber mit keinen Mitteln geeignete Leute finden. Du suchst verzweifelt einen Job, aber es gibt keinen …

Mit welchen unauflöslichen Knoten bist du selbst konfrontiert? Welche Widersprüche in deinem Leben erweisen sich als unüberbrückbar? Hast du manchmal das Gefühl, vor unüberwindlichen Hürden zu stehen? Welche Probleme würdest du gerne lösen, kannst es aber nicht? Was sind deine persönlichen Muster? Welche Dinge willst du schon so lange ändern und machst sie trotzdem immer wieder so wie immer? Was scheint für dich wie in Stein gemeißelt zu sein, obwohl du es eigentlich gerne anders hättest?

Wir alle kennen solche Momente, in denen wir den Eindruck haben, keinen Einfluss ausüben zu können auf Dinge, die uns wichtig sind. Vielleicht betrifft das sogar unsere vitalen Grundbedürfnisse wie Luft, Wasser, Schlaf oder Nahrung, Liebe, Geborgenheit, Wertschätzung oder Sicherheit. Dann fühlen wir uns bedroht und ohnmächtig – wir haben das Gefühl, keinen *Einfluss* auf die Situation zu haben, in der wir feststecken.

Gerade dann fällt es besonders schwer, die Situation in der Schwebe zu halten, und genau dieser Herausforderung sind wir uns als Erfinder dieses Formats bewusst. Deshalb widmen wir dem Thema hier auch ein eigenes Kapitel.

Konkret könnte es etwa folgendermaßen laufen:

Du bist gerade mit Widersprüchen in deinem Leben konfrontiert, die sich als unüberwindbar erweisen. Oder du steckt in einem Vorhaben fest, etwas ändern zu wollen, das dich schon gefühlt ewig frustriert, aber es scheint wirklich keine Lösung dafür zu geben.

Also probierst du es einmal mit einem Schwebedialog. Danach hast du klar vor Augen, dass du den Widerspruch auflösen willst, dass du die Situation unter *Kontrolle* kriegen willst, dass du *Einfluss* bekommen willst ... Und dass es dich verrückt macht, dass das alles unmöglich scheint, welchen *Plan* du auch immer verfolgst. Punkt.

Dann kannst du das alles einfach in der Schwebe halten, indem du dich daran erinnerst, dass das im Moment die Geschichte ist, die dich am meisten beschäftigt und von der du glaubst, dass sie wahr ist. Du machst sie zu deiner Realität, indem du an sie glaubst. Perfekt. Nichts spricht dagegen. Es fühlt sich aber trotzdem nicht gut an? Kein Problem, darum geht es nämlich nicht!

Manches zieht uns an, manches stößt uns ab. Das ist der Nährboden für unsere Motivation. Wichtig für dich jetzt in dieser Situation ist nur, dass du sie nicht knacken kannst, dass du sie nicht beherrschen kannst, dass du das Problem nicht lösen kannst. Wir können dich in einer solchen Situation nur ermutigen, weiter dabei zu bleiben, deine Aufmerksamkeit konsequent *weg* von dem konkreten Problem, *hin* zu der universellen, lebendigen, vitalen Tatsache zu lenken, dass du das gerade so fühlst und denkst, wie du es eben im Rahmen des Schwebedialogs formuliert hast. Bleibe mit deiner Aufmerksamkeit beharrlich dabei und du wirst sehen, dass der Stress, den Knoten entwirren zu wollen, diesen Mist endlich knacken zu müssen, die Verzweiflung, es nicht schaffen zu können, die Frustration, dass der Widerspruch einfach nicht aufzulösen ist, sich deutlich verringern können! Denn nun nennst du das Kind bei seinem wahren Namen: Du glaubst, dass das so ist. Du erschaffst diese Wirklichkeit. Und das ist gut so.

Schwebedialoge können vor allem gerade dann Sicherheit geben, wenn sich dein Leben scheinbar deiner eigenen Kontrolle entzieht. Sie schenken dir Orientierung, Halt und Geborgenheit jenseits des Glaubens, die Zügel in der Hand haben zu können oder zu müssen. Erinnere dich daran, dass sie die Lösungsorientierung schließlich bewusst außen vor lassen.

Und jetzt weißt du auch, warum!

Und auch das ist eine Geschichte, von der wir allen Ernstes glauben, dass sie wahr ist.

Ich entscheide mich dafür, einen Unterschied zu machen

oder

Was noch?

Lass uns hier jetzt mal kurz auf Stopp drücken, zurückspulen und ein paar Szenen noch einmal genauer unter die Lupe nehmen.

Bei einem Schwebedialog hast du Fragen gestellt, ohne sie zu beantworten. Du hast Widersprüche ausgedrückt, ohne sie aufzulösen, Konflikte dargestellt, ohne sie zu bereinigen, Probleme beschrieben, ohne nach einer Lösung zu suchen, und gesagt, was du brauchst, ohne es zu bekommen.

Du wurdest gehört und gesehen, ohne kommentiert zu werden, und du hast andere gehört und gesehen, ohne sie zu kommentieren.

Und jetzt hast du keine Ahnung.

Dir wurde gesagt, dass du alles, was sich in deinem Kopf gerade abspielt, in der Schwebe halten kannst.

Und was genau soll dann passieren?

Ehrlich gesagt, nichts Weltbewegendes. Du machst einfach so weiter wie bisher.

Du machst einfach das, was du eben machst. Es ist das, was wir *Aktion* nennen.

Der große Unterschied ist: Ein Leben in der Schwebe bedeutet zwar, dass du weiterhin – wie eh und je – Pläne machst und feste Vorstellungen hast, aber zugleich bemerkst, dass ein Plan auch nicht mehr ist als ein Plan. Deine Glaubenssätze beginnen sich allmählich aus ihrer Verankerung zu lösen, leicht abzuheben, sie verlieren ein wenig ihren festen Griff um dich und damit auch an Einfluss und Bedeutung. Was am Ende übrig bleibt, ist das, was du tatsächlich *tust.*

Und was dann? Dann wird aus deiner inneren Welt *Aktion.*

Was siehst du dich tun?

Vielleicht schweben deine Gedankengebäude aber gerade ganz und gar nicht mit Leichtigkeit in deiner Gedankenwolke umher.

Sondern im Gegenteil.

Womöglich sind sie sogar in Stahlbeton einzementiert, durch und durch starr und absolut unbeweglich. Oder sie sind gerade dabei, unter ihrem massiven Gewicht im Boden zu versinken und alles um sich herum mit in den sumpfigen Abgrund zu ziehen.

Hier kann unsere Schwebehilfe enorm hilfreich sein:

»Bitte erlaube mir, mich von den Geschichten, die ich glaube, nicht vereinnahmen zu lassen.«

Du sagst den Satz still zu dir selbst, ins Universum oder direkt zu dem Gedanken, der dich gerade belastet.

Du kannst den Satz so lange vor dich hin murmeln, bis du das Gefühl hast, mit einem Bein aus deinem Film heraus in den Zuschauerraum steigen zu können.

Es ist doch so: Du kannst dir vielleicht nicht aussuchen, welchen Film du gerade laufen hast, aber betrachtest du ihn erst einmal aus der Publikumsperspektive, hast du es in der Hand, eine Bewertung vorzunehmen. Du entscheidest dich dafür, einen Unterschied zu machen und zu sagen, dieser Film ist gut, schlecht, peinlich, furchtbar oder vielleicht sogar inakzeptabel.

Der Film, den du laufen hast, ist nämlich nichts anderes als das, was er ist: schlicht und einfach der Film, den du gerade laufen hast. Er ist der unvollkommene Versuch, deinen Bedürfnissen eine Stimme zu verleihen, nicht mehr und nicht weniger.

Angenommen, du sitzt an einem weiten Sandstrand und blickst aufs türkisfarbene Meer hinaus. Diese Situation wirst du wahrscheinlich als gut bewerten. Hockst du hingegen stundenlang im Warteraum einer Krankenhausambulanz mit Neonbeleuchtung aus den Siebzigerjahren, sieht das wahrscheinlich anders aus. Diese Situation wirst du wohl eher als schlecht beurteilen.

Das Entscheidende dabei ist: Dieses Urteil fällst *du*. *Du* sagst, dass der Strand toll und der Wartesaal furchtbar ist. Versuch mal, dir das einfach klarzumachen, wenn du wieder in einer unangenehmen Situation bist. Es geht hier nicht ums Schönreden. Es genügt, dir bewusst zu machen, dass die Unterscheidung – Strand gut, Wartezimmer schlecht – in *deinem* Kopf stattfindet. Das heißt nicht, dass ein Warteraum super wäre – darum geht es nicht! *Du* urteilst, dass der Wartesaal mies und das Meer toll ist. Und wenn du das so sagst, dann ist das so für dich, weil du das so entschieden hast. Punkt.

Wenn du glaubst, dass dein Film nach einem Schwebedialog besser sein müsste, dann ist die Geschichte, die du glaubst, die, dass dein Film nach einem Schwebedialog besser sein müsste.

Wenn du denkst, dein Film ist aber nicht besser, sondern sogar schlechter, dann glaubst du die Geschichte, dass dein Film schlechter ist, obwohl er besser sein sollte.

Die Bewertung, die wir unseren Filmen oder den Filmen anderer geben, hat nichts, aber auch gar nichts mit den Filmen selbst zu tun!

Unser Kopfkino ist einfach das, was es ist. Ein Phänomen, wie das Wetter, das sich ständig verändert. *Wir* sind es, die sagen, dieses Wetter ist gut und jenes schlecht, es ist zu kalt oder zu warm, zu feucht oder zu trocken. Diese Urteile fällen wir immer entlang unserer Bedürfnisse.

Nach monatelangem Sonnenschein kann ein heftiges Unwetter die heiß ersehnte Rettung sein!

Das Spannende ist: Wir machen Unterscheidungen, die es schlichtweg nicht gäbe, wenn wir sie nicht machen würden.

Und das ist gut so.

Oder nicht?

Die Geschichten, die *wir* glauben

oder

Es ist Zeit, einen Punkt zu machen

Nachdem sich die Geschichte, die wir dir erzählen wollten, schön langsam dem Ende zuneigt, ist es auch für uns an der Zeit, einen Punkt zu machen und unsere Gedankengebäude wieder in die Schwerelosigkeit zu entlassen.

Als ersten Schritt nehmen wir unseren *Erinnerungssatz für alles* und benennen die Geschichten, von denen wir – das Autorenteam – glauben, dass sie wahr sind (natürlich nicht alle, sondern nur jene, die für uns in diesem Kontext gerade wichtig sind):

Die Geschichte, die wir glauben, ist, dass es nichts gibt, das etwas sein könnte, weil alles passiert, sich unaufhörlich verwandelt, verdichtet und wieder auflöst.

Die Geschichte, die wir glauben, ist, dass Bewusstsein bedeutet, etwas zu erschaffen, dessen wir uns bewusst werden können.

Die Geschichte, die wir glauben, ist, dass die Trennung unserer inneren Welt in gut und schlecht eine Art und Weise ist, wie wir Menschen die Dinge einordnen, je nachdem, ob wir uns von etwas angezogen oder abgestoßen fühlen – nicht mehr und nicht weniger. Dass dahinter keine tiefere Wahrheit steckt, sondern die Bewegungsrichtung unserer Bedürfnisse.

Die Geschichte, die wir glauben, ist, dass diese Trennungen den Code erschaffen, mit dem wir kommunizieren können und die Welt um uns herum im Sinne unserer Bedürfnisse beeinflussen.

Die Geschichte, die wir glauben, ist, dass nicht die Geschichten, die wir glauben, uns durchs Leben tragen, sondern Bedürfnisse, derer wir uns allerdings nur durch Geschichten bewusst werden können.

Die Geschichte, die wir glauben, ist, dass unsere Geschichten und Glaubenssätze, die wir so dringend zum Überleben brauchen, ein Art Eigenleben entwickeln.

Die Geschichte, die wir glauben, ist, dass nichts von dem, was gedacht werden kann, außerhalb unserer Vorstellung existiert.

Die Geschichte, die wir glauben, ist, dass wir keine Ahnung haben.

Punkt.

Das sind die Geschichten, von denen *wir* glauben, dass sie wahr sind.

Und jetzt sagen wir still zu uns selbst und zum Universum:

***»Bitte erlaube mir,
mich von den Geschichten, die ich glaube,
nicht vereinnahmen zu lassen.«***

Wir sagen diesen Satz so lange, bis die Geschichten, die wir glauben, ein wenig Gewicht verlieren, leichter werden und wie Luftballons in unserer Gedankenwolke umherschweben. Denn wir lieben die Geschichten, die wir glauben, wir genießen es, mit ihnen zu experimentieren, zu spielen und uns in ihrer Gegenwart von der Schwerelosigkeit tragen zu lassen.

Denn unsere Gedanken sind frei!

Jetzt und immer.

Epilog

Wie jedes Abenteuer endet auch dieses da, wo es angefangen hat.

The End

oder

Die Magie der Schwebedialoge

Wie könnte eine Geschichte über das Geschichtenerzählen enden?

Vielleicht fragst du dich, was übrig bleibt, wenn alles, dessen du dir bewusst sein kannst, am Ende nichts anderes als eine Geschichte ist, die du glaubst?

Die Antwort ist einfach: alles!

Mit »alles« meinen wir die eine, universelle Bewegung, die unaufhörliche Veränderung, die kontinuierliche Verwandlung, die weder einen Anfang noch ein Ende hat. Eins fließt ins andere und umgekehrt, und letztendlich ist alles mit allem in irgendeiner Weise verbunden.

Und trotzdem erscheint uns Menschen immer alles als irgendetwas Abgegrenztes, Getrenntes. Was wir wahrzunehmen glauben, ist die Fiktion eines »Etwas«, die codierte Skizze eines flüchtigen Moments aus der Vergangenheit, die unser Nervensystem aus der ganzheitlichen Bewegung herausgefiltert hat – ein Etwas, das wir bewusst wahrnehmen können.

Dieser Prozess der Bewusstseinsbildung ist tatsächlich und faktisch ein Prozess des Erschaffens von etwas, dessen wir uns bewusst werden können. Es scheint nichts zu geben, was wir uns bewusst machen könnten, das unser Nervensystem nicht schon zuvor zu einem Etwas zusammengefügt hat.

Doch alles, was uns als etwas erscheint, ist nichts anderes als ein willkürlich extrahierter Ausschnitt dieser allumfassenden, unendlichen Bewegung. Wir ziehen künstliche Trennlinien, machen beliebige Unterscheidungen, die wir gegeneinander abwägen und bewerten. Auf Grundlage konstruierter Unvereinbarkeiten entscheiden wir uns für oder gegen etwas, empfinden manches als Teil von uns und anderes als getrennt von uns.

Und das ist gut so!

Die Freiheit, von der wir bei den Schwebedialogen reden, ist, zu bemerken, dass es keinen Unterschied gibt zwischen diesem Etwas, jenem Etwas oder etwas anderem, wenn wir ihn nicht machen! Jedes einzelne Etwas wäre bedeutungslos und austauschbar, wenn wir ihm nicht eine Bedeutung geben würden, an die wir glauben.

Und das ist perfekt, einfach deswegen, weil es das ist, was wir tun. Es gibt nichts zu verbessern, nichts zu erreichen und nichts, was wir falsch machen könnten, jenseits der Geschichten, die wir glauben.

Wenn wir dir hier also die Antwort geben, dass das, was dir bleibt, wenn du bemerkst, was du tust, während du etwas glaubst oder nicht glaubst, »alles« ist, dann meinen wir damit, dass du immer frei bist, dich in alle Richtungen und auf jede erdenkliche Art und Weise zu bewegen. Du kannst deinem Körper die Führung übergeben und ihn – ganz aus sich heraus – die nächsten Schritte setzen lassen, oder du folgst deinen Konzepten und Vorstellungen, je nachdem, was sich gerade richtig für dich anfühlt.

Etwas.

Alles!

Nichts?

Es spielt keine Rolle.

Die Geschichten, die wir glauben, *wollen* gehört und ernst genommen werden! Also zollen wir ihnen den Respekt, den sie verdienen, denn sie verfolgen den Zweck, unser Leben zu schützen. In einem Schwebedialog sind wir eingeladen, die Geschichten, die in uns wirken, genau so auszudrücken, wie sie eben sind, weil sie die Realität erschaffen, auf die wir uns beziehen – ob wir wollen oder nicht.

Bei den Schwebedialogen sind alle Geschichten gleich wichtig und keine kann gegen eine andere aufgewogen werden, denn die Relativierung einer Geschichte durch eine andere Geschichte ist selbst auch eine Geschichte. Wir hören allen Geschichten mit ungeteilter Aufmerksamkeit zu und geben jeder einzelnen von ihnen die Wertschätzung, die sie braucht.

Und vergiss nie: Der Film, der in unserem Kopf läuft, ist keinesfalls *nur* eine Geschichte! Er läuft, weil Geschichten das mächtigste Instrument sind, das uns Menschen zur Verfügung steht, um unseren Bedürfnissen, Sehnsüchten, Schmerzen und Ängsten eine Stimme zu verleihen. Der Film ist also der kraftvolle Ausdruck unseres Bedürfnisses, leben zu wollen.

Bei den Schwebedialogen sind wir mit voller Hingabe und Leidenschaft bei den Geschichten, die wir glauben – und gleichzeitig machen wir uns klar, dass wir es sind, die sie glauben und dadurch zu unserer Wirklichkeit machen.

Frei nach dem Motto:

»Ich denke, also bin ich, was ich denke, das ich bin.«

Das ist alles.

Das ist die Magie der Schwebedialoge.

Ach ja, und das ist übrigens unsere absolute Lieblingsgeschichte, von der glauben, dass sie wahr ist.

Anhang

Moderations- und Vorbereitungschecklisten für den Einsatz von Schwebedialogen

Definition: Schwebedialog auf den Punkt gebracht

Schwebedialog® ist eine intuitive und klar strukturierte Kommunikationsmethode mit dem Zweck, zu bemerken, was wir tun, wenn wir denken und kommunizieren *(trennen, um etwas zu erschaffen, dessen wir uns bewusst werden können)*, auszusprechen, was uns gerade wirklich beschäftigt *(Klarheit über die Trennungen, die auf uns wirken)* und uns daran zu erinnern, dass diese Trennungen unsere Wirklichkeit erschaffen, weil wir an sie glauben *(Versöhnung mit allem, von dem wir uns gedanklich getrennt haben).*

Schwebedialoge einsetzen und anleiten

Bist du bereit, Schwebedialoge in deinem Alltag, im Unternehmen oder in der Beratung einzusetzen oder zu leiten? Super! Damit alles glatt läuft, fassen wir hier die wichtigsten Punkte für dich noch mal in aller Kürze zusammen.

Wichtig: Alle Teilnehmer*innen müssen in einer stabilen geistigen Verfassung sein. Keine Beeinträchtigungen durch Alkohol oder Drogen!

Terminvorbereitung

- **Teilnehmerzahl**: Pro Schwebedialog eine bis sechs Personen.
- Die **Gruppenzusammensetzung** ist variabel, einschließlich Kolleg*innen aus der eigenen oder aus anderen Abteilungen, Freund*innen, Familie und Kinder – wobei es nicht nötig ist, dass sich alle Teilnehmenden auch kennen. Und: Schwebedialoge sind auch allein wertvoll!
- **Moderation**: Für den beruflichen Kontext empfehlen wir eine Moderation, die intern oder extern sein und auch aktiv mitmachen kann. In Beratung oder Coaching leitet die beratende Person den Dialog, ohne aktiv teilzunehmen.
- **Ort**: Du kannst dich persönlich treffen oder digital per Videokonferenz. Bei digitalen Treffen die Karten einfach fotografieren und teilen. Auf jeden Fall auf eine ruhige Umgebung ohne Ablenkungen achten.
- **Dauer**: Plane fünfzehn Minuten für die Landephase, fünfzehn Minuten pro Teilnehmer*in für das Gestalten & Präsentieren und fünfzehn Minuten für das Abheben zum Schluss ein.
- **Zeitpunkt**: Bevorzugt gegen Arbeitsende, am besten als letzter Termin. Nach dem Schwebedialog idealerweise keine anspruchsvollen Besprechungen einplanen. Wenn doch, dann mindestens eine Stunde später.

- **Umsetzungshinweise**:
  - Die Teilnahme ist immer freiwillig!
  - Bitte direkt vor dem Dialog keine stressigen Tätigkeiten mehr. Gönne dir schon vorher etwas Zeit zum Runterkommen.
  - Absagen ist jederzeit und ohne Begründung möglich – die Gruppe ist immer genau so richtig, wie sie ist. Auch die Zusammenstellung der Teilnehmenden kann von Mal zu Mal variieren.
  - Allen Nichtbeteiligten Bescheid geben, dass die Teilnehmer*innen während des Schwebedialoges nicht zu stören sind.
  - Bitte unbedingt pünktlich sein – wer zu spät kommt, kann nicht mehr am Schwebedialog teilnehmen! Ein verspätetes Dazustoßen stört den Schwebedialog einfach zu sehr.

1. Landen (siehe Seite 61)

- Als Moderator*in ist es deine Aufgabe,
  - eine ruhige und ablenkungsfreie Umgebung zu schaffen,
  - Ablauf und Zeitrahmen grob zu skizzieren,
  - mit allen Teilnehmenden sanft und sicher auf der richtigen Welle zu landen mit der Haltung *»Ich habe keine Ahnung«* und dem Schwebesatz *»Bitte erlaube mir, mein Herz zu öffnen und keine Ahnung zu haben«*,
  - die Schwebedialogkarten zu erklären,
  - die grundlegende Geisteshaltung zu erläutern:
    - Alles ist eine Geschichte.
    - Bedürfnisse werden uns als Geschichten bewusst, doch die Geschichte ist nicht das Bedürfnis.

    - Die Geschichten über Bedürfnisse sind austauschbar, die Bedürfnisse selbst jedoch nicht.
    - Deine Bedürfnisse sind neutral und wertfrei; es gibt kein richtig oder falsch. Diese Unterscheidung triffst nur du, individuell und willkürlich.
- Schlussendlich gibst du als Moderator*in den Startschuss für das Gestalten der Karten.
- Nicht vergessen: Elektronische Geräte stumm schalten oder abdrehen und dann beiseitelegen. In der Session zählt jetzt das Analoge!

2. Gestalten (siehe Seite 65)

Generelle Arbeitshinweise:

- Alle Teilnehmer*innen beginnen in Ruhe mit dem Erstellen ihrer Karten, ohne diese den anderen zu zeigen.
- Durchgehende Anwesenheit ist wichtig; frühzeitiges Verlassen stört den Prozess.
- Während dieser Gestaltungsphase herrscht Stillschweigen.
- Fragen an die*den Moderator*in bitte leise und diskret stellen.
- Alle sollen wirklich die Zeit bekommen, mit ihren Karten fertig zu werden!
- Wenn du früher fertig bist, genieße die gemeinsame Stille.

Erstellungshinweise für das Schwebebild:

- Zeige nur, was du möchtest.
- Formfrei, sinnfrei, wie es kommt – die Karte kann ruhig unverständlich oder sogar leer sein.

- Du musst kein konsistentes »Innenbild« entwerfen, lass es einfach entstehen.
- Markiere mit grünen Punkten, was aktuell viel Aufmerksamkeit bekommt, mit roten, was mehr Energie benötigen würde.
- Betrachte dein Schwebebild – es ist zum Herzeigen im Dialog gedacht. Fühlt es sich zu persönlich oder zu intim an? Falls ja, erstelle einfach ein neues oder erzähle beim Präsentieren nur das, was sich für dich richtig anfühlt.
- Ein Schwebebild kann niemals »falsch« sein!

Erstellungshinweise für die Bedürfniskarte:

- Format: »Von ... brauche ich ...«
- Einfach, kurz und knapp halten.
- Sei offen in dem, was du brauchst. Es ist eine Aussage, keine Forderung.
- Bedürfnisse sind keine Appelle mit Aufforderungscharakter! Bitte vermeide Wörter wie »dringend«, »sofort« und so weiter.

Erstellungshinweise für die Energiekarte:

- Die Karte zeigt deine aktuellen Energieflüsse auf.
- E+: Was zieht dich derzeit an, worauf hast du Lust, wo fließt deine Energie hin?
- E-: Was kostet dich Energie, kommt aber nicht voran?
- Die wesentliche Frage betrifft ein umfassendes, persönliches Thema, auf das hier keine Antwort gefunden werden muss.

3. Präsentieren (siehe Seite 79)

- Alle Karten zeigen und erläutern, Bedürfnisse vorlesen. Wenn du etwas nicht sagen willst, sagst du es nicht.
- Beim Präsentieren gilt für alle: stilles Zuhören. Keine Kommentare, Reaktionen oder Diskussionen. Nur Verständnisfragen sind erlaubt.
- Falls Kommentare fallen, sind alle Teilnehmenden eingeladen, die strikte Einhaltung der Regeln einzufordern.

4. Abheben (siehe Seite 108)

- Abschließend ist es als Moderator*in deine Aufgabe,
    - unkompliziert zu bleiben, dich kurz zu halten und nicht zu weit abzuschweifen,
    - die lockere Atmosphäre und die Kraft der gezeigten Themen zu erhalten, ohne sie zu interpretieren,
    - klarzustellen, dass jede Relativierung eine neue, eigenständige und unabhängige Geschichte ist,
    - zu erläutern, was es bedeutet, »sich etwas tun zu sehen«,
    - am Ende deiner Ausführungen eine kurze gemeinsame Stille anzuregen.
    - die Gruppe mit der erleichternden Ich-habe-keine-Ahnung-Haltung und dem dazu passenden Schwebesatz *»Bitte erlaube mir, mein Herz zu öffnen und keine Ahnung zu haben«* sanft in die Schwebe zu entlassen.
- Vermeide bitte lösungsorientierte Termine direkt im Anschluss an einen Schwebedialog.
- In beratenden Settings: Die Inhalte erst einmal wirken lassen, bitte nicht gleich direkt aufgreifen.

Verschiedene Settings und Rollen für Schwebedialoge

Private Schwebedialoge (ohne professionelle Begleitung)

In einem privaten Schwebedialog, sei es mit deiner Partnerin, deinem Partner, deiner Familie oder Freunden, kannst du auch mal fernab des Alltags deine Gedanken und Gefühle teilen. Was du konkret teilst, liegt ganz bei dir – ob Sorgen aus dem Job, persönliche Ängste oder schöne Momente. Du gibst eine spontane Momentaufnahme deiner Gedankenwelt und bekommst Einblicke von anderen. So eine gemeinsame, intensive Erfahrung – ganz ohne Gesprächsdynamik – bereichert das Zusammenleben ungemein!

Schwebedialoge in Unternehmen und Organisationen

Ein Schwebedialog am Arbeitsplatz öffnet einen Raum, in dem du das Berufliche mit deinem persönlichen Kontext auf regelbasierte Weise bereichern kannst. Normalerweise zählt im Job nur die professionelle Ebene, klar – Persönliches bekommt seinen Platz dann in Kaffeepausen oder bei Firmenevents. Schwebedialoge bringen nun aber bewusst genau die Stärken informeller, persönlicher Kommunikation in die formal geregelte Firmenkommunikation! In einem geregelten, formellen Rahmen stehen hier die inneren Welten der Projektteilnehmenden im Mittelpunkt – ohne Unterscheidung zwischen beruflich und privat.

Du wirst überrascht sein, wie das deinen Arbeitsalltag verändern kann: Missverständnisse erkennen, Glaubenssätze hinterfragen, Emotionen ohne Drama ansprechen, das gegenseitige Vertrauen entdecken und inspirierende Perspektivwechsel gemeinsam erleben.

Moderation

Wenn du im beruflichen Kontext einen Schwebedialog moderierst, solltest du sichergehen, dass du auch eine offizielle Schwebedialog-Ausbildung absolviert hast. Nur so kannst du garantieren, dass du diese Rolle in ihrem ganzen Umfang verstehst und den Dialog professionell leiten kannst.

Wenn du die Moderation für eine externe Firma übernimmst, solltest du keine eigenen Karten im Dialog erstellen, intern kannst du aber auch gerne deine eigene Gedankenwolke teilen – du kannst, musst aber nicht.

In der Landephase ist deine Aufgabe zunächst, eine offene Atmosphäre zu schaffen und bei der Einführung in das Format vor allem die Bedeutung der freien Themenwahl zu betonen, um Bedenken zu begegnen, man könnte sich vielleicht zu sehr exponieren oder etwas von sich preisgeben, das man später wieder bereuen könnte. Während des Gestaltens und der Präsentation achtest du geduldig auf die Einhaltung der Regeln und erklärst bei Bedarf Fragen zu den Karten.

Zum Schluss geht es darum, alle in die richtige Stimmung zu bringen, um das Gesagte und Gezeigte in der Schwebe zu halten – wie im vorigen Kapitel beschrieben. Das gilt immer, auch für eine Runde mit geübten Schweber*innen! Das Ritual gehört einfach dazu. Zusammen in dieses Gefühl der Offenheit einzutauchen und sich gemeinsam in die Ahnungslosigkeit zu entlassen …

Schwebedialoge im Beratungssetting

In der professionellen Beratung gibt es zwei Möglichkeiten: entweder eins zu eins oder in der Gruppe.

In Gruppensettings, wie Mediation oder Paarberatung, hilft das Format dabei, dass alle ihre Bedürfnisse ohne Druck frei äußern können. Vor allem, wenn es um Vereinbarungen geht, die allen gerecht werden sollen, ist das Gold wert. Auch wenn wir noch auf das Thema Konflikte kommen, sei so viel schon gesagt: Professionell angeleitet sind Schwebedialoge eine fantastische Ergänzung. Sie schaffen Raum für Lösungen, gerade weil nicht sofort nach Lösungen gesucht wird.

Wenn du die beratene Person bist

In einer Zweierkonstellation erstellst als Klient*in nur du die drei Schwebedialogkarten. In dieser Form geht es nicht um Austausch, sondern darum, dass du Unterstützung erfährst. Das ist ähnlich wie ein Dialog mit dir selbst, aber professionell begleitet. Hier liegt der Fokus auf der Reflexion ohne Lösungsdruck.

Wenn du berätst

In jedem Schwebedialog geht es darum, die Gedankenwelt ohne Druck zu erkunden. Im Beratungssetting ist das besonders wertvoll, gerade weil nicht sofort Lösungen gesucht werden. Als Berater*in, Coach*in, Trainer*in oder Sozialarbeiter*in kannst du so neue Wege gehen und Dinge zur Sprache kommen lassen, die im normalen Rahmen vielleicht verschwiegen würden. Die im Dialog gewonnenen Einsichten bleiben erst mal einfach stehen und später kannst du sie dann in deinem normalen Rahmen weiter aufgreifen und bearbeiten.

Kann ich, wenn ich bei einem Schwebebild mit einem Blatt Papier nicht auskomme, ein weiteres nehmen?
Ja, natürlich! Wenn du mehr Platz brauchst, um deine Gedanken und Gefühle auszudrücken, nimm dir so viele Blätter, wie du benötigst.

Was tun, wenn ich nach dem Dialog auf das, was ich dort gesagt habe, blöd angesprochen werde?
Jeder hat seine eigene Perspektive. Deine Geschichte ist das, woran du glaubst. Das, was du im Schwebedialog gesagt hast, repräsentiert deine Sicht der Dinge. Wenn jemand anderes das anders sieht, dann hat diese Person eben eine andere Perspektive.

Was, wenn ich nach dem Schwebedialog bereue, zu offen gewesen zu sein und zu viel von mir preisgegeben zu haben?
So etwas wird nicht passieren. Der Schwebedialog ist so aufgebaut, dass du nur das teilst, womit du dich wirklich wohl fühlst. Falls doch etwas »Ungutes« für dich übrig bleibt, kannst du es mit dem *Erinnerungssatz für alles* und der *Schwebehilfe* in der Schwebe halten.

Was gehört in ein Schwebebild und was nicht? Nach welchen Kriterien entscheide ich das?
Höre auf dein Bauchgefühl. Du entscheidest, was du teilst und was nicht. Alles, was du nicht teilen willst, behältst du natürlich für dich. Es geht nicht darum, sich völlig zu entblößen. Wichtig ist, dass du dich mit dem, was du teilst, auch wirklich wohlfühlst. Der Schwebedialog ist eine Möglichkeit, sich

auszudrücken, kein Zwang. Es geht darum, das auszusprechen, was dich bewegt und was im Kontext mit den anderen zu deinem momentanen Erleben passt. Aber ein Schwebedialog ist kein Wettstreit im Offenbaren von Geheimnissen!

Was soll ich machen, wenn im Schwebedialog schwierige Themen wie Gewalt oder psychische Probleme angesprochen werden?

Das ist eine wichtige Frage. Grundsätzlich soll der Schwebedialog ein sicherer Raum sein, der positive und anregende Gedanken fördert. Wenn es um Gewalt geht – egal, in welchem Kontext und egal, ob gegen andere oder gegen sich selbst gerichtet – oder wenn psychische Auffälligkeiten wie Traumata, Dissoziationen, Depersonalisation, Halluzinationen oder Ähnliches zur Sprache kommen, dann sind das keine Themen für einen Schwebedialog. Sie sollten weder im lockeren Rahmen eines Schwebedialogs thematisiert noch in der Schwebe gehalten werden. Wenn eines dieser Themen aufkommt, ist es wichtig, sofort professionelle Hilfe in Anspruch zu nehmen oder die betroffene Person dazu zu ermutigen. Schwebedialoge sind keine Therapieform und nicht geeignet, um schwerwiegende emotionale oder psychische Probleme zu behandeln. Die Gesundheit jedes und jeder Einzelnen ist oberste Priorität.

Merke: Schwebedialoge sind ein Kommunikationsformat und kein Ersatz für eine Psychotherapie. Wenn ernsthafte psychische Probleme oder gar Gewalt im Spiel sind, dann bitte umgehend professionelle Hilfe aufsuchen.

Was ist, wenn jemand lügt?

Dann verpasst die Person die Chance auf einen echten Austausch. Wenn du nicht ehrlich bist, lässt du dir eine gute Gelegenheit entgehen, aus dem Dialog etwas für dich mitzunehmen. Das ist wie bei einer Beratung: Wenn du nicht ehrlich bist, bringt sie dir nichts.

Und die Belogenen?

Die erhalten lediglich falsche Informationen, was aber dem Sinn und Zweck des Schwebedialogs keinen Abbruch tut und den Gesamtwert des Dialogs nicht schmälert. Alle teilen eben, was sie teilen *wollen*. Bleibe du bei deinen Geschichten.

Kann der Schwebedialog nicht perfekt für Inszenierungen und Manipulationen missbraucht werden?

Nein, durch die Struktur des Schwebedialogs ist Manipulation nicht möglich. Da es zu keinem Gespräch kommt, funktionieren solche Taktiken nicht.

Was tun, wenn sich jemand partout nicht an die Regeln hält, es Streit gibt oder die Situation eskaliert?

Es ist entscheidend, dass alle sich klar an die Regeln halten. Sollte sie jemand jedoch nicht respektieren wollen, ist es wichtig, diese Person nicht einfach aus der Runde auszuschließen. Besser ist es, in so einem Fall den Schwebedialog abzubrechen. Respekt und Akzeptanz stehen immer an erster Stelle. Wenn jemand wirklich nicht teilnehmen möchte, muss das akzeptiert werden. Ein Schwebedialog ist keine Verpflichtung.

Anschließend kann es hilfreich sein, wenn sich die Gruppe erneut mit den Regeln auseinandersetzt und einen neuen Termin für einen Versuch findet. Letztendlich ist es die persönliche Erfahrung, die zählt. Nicht jeder Mensch findet sich in Schwebedialogen zurecht, und das ist auch vollkommen in Ordnung und beeinträchtigt nicht die Erfahrungen der anderen Teilnehmenden.

Ich kann nicht zeichnen oder malen. Kann ich trotzdem ein Schwebebild erstellen?

Mach dir bloß keinen Kopf deswegen! Beim Schwebebild musst du nicht zwangsläufig zeichnen oder malen. Du kannst gerne auch nur Text verwenden. Es gibt absolut keine Vorgaben dazu, wie ein Schwebebild aussehen muss. Wichtig ist nur, dass es dir hilft, deine Gedanken und Gefühle zum Ausdruck zu bringen.

Literaturverzeichnis

Gedruckte Quellen

- Gregory Bateson (2014): Ökologie des Geistes. Anthropologische, psychologische, biologische und epistemologische Perspektiven. Suhrkamp, Frankfurt am Main.

- Gregory Bateson (1987): Geist und Natur. Eine notwendige Einheit. Suhrkamp, Frankfurt am Main.

- Marc Dingman (2020): Das Gehirn. Neueste Erkenntnisse der Neurowissenschaften über unser wichtigstes Organ und seine Macken. riva, München.

- David Eagleman (2017): The Brain. Die Geschichte von dir. Pantheon, München.

- Martin Heidegger (2006): Sein und Zeit. De Gruyter, Berlin.

- Hans Helmut Kornhuber und Lüder Deeke (2009): Wille und Gehirn. Aisthesis, Bielefeld.

- Jiddu Krishnamurti (2014): Das Notizbuch. Fischer, Frankfurt am Main.

- Jiddu Krishnamurti (2207): Selbstgespräche. Das letzte Tagebuch. Aquamarin, Grafing.

- Heiko J. Luhmann (2020): Hirnpotentiale. Die neuronalen Grundlagen von Bewusstsein und freiem Willen. Springer, Berlin.
- Heiko J. Luhmann (2015): Alles Einbildung! Was unser Gehirn tatsächlich wahrnimmt. WBG, Darmstadt.
- Niklas Luhmann (1998): Die Gesellschaft der Gesellschaft. Suhrkamp, Frankfurt am Main.
- Ramana Maharshi (2011): Wer bin ich? Der Übungsweg der Selbstergründung. BoD, Norderstedt.
- Tony Parsons (2013): Das offene Geheimnis. Die Erfahrung der Nicht-Dualität. Kamphausen, Bielefeld.
- Carla J. Shatz (1992): The Developing Brain. In: Scientific American, 09/1992, 60–67.
- Reinhard Werth (2010): Die Natur des Bewusstseins. Wie Wahrnehmung und freier Wille im Gehirn entstehen. C. H. Beck, München.

Elektronische Quellen

1. Wikipedia: »Dialog«
   https://de.wikipedia.org/wiki/Dialog [Zugriffsdatum: 31. März 2024]

2. Duden: »Schweben« – Rechtschreibung, Bedeutung, Definition, Herkunft.
   www.duden.de/rechtschreibung/schweben [Zugriffsdatum: 31. März 2024]

3. OpenThesaurus: »In der Schwebe bleiben«
   www.openthesaurus.de/synonyme/in+der+Schwebe+bleiben [Zugriffsdatum: 31. März 2024]

Danke

Ein riesengroßes Danke an unsere Kinder und Familien, die mit tatkräftiger Unterstützung und viel Verständnis dieses Buch überhaupt erst möglich gemacht haben! Herzlichen Dank an: Yara Albegger, Hannah Treu, Thomas Cerny, Manfred Bibiza, Christa Preining, Helmut Guggenberger, Ina Kleinod, Ylva, Christian Hoffmann, Monica Culen, Ivana Bacanovic, Martin Kotal, Karla Horvat, Christine Albegger, Fritz Madritsch, János Horváth, Klaus Albegger und alle, die uns ihre Erfahrungen und Schwebedialoge zur Verfügung gestellt haben.

Wichtige Hinweise und Haftungsausschluss

Bei den in diesem Buch veröffentlichten Erfahrungen und Beispielen für Schwebedialoge haben wir strenge Anonymität gewahrt. Die Namen und Inhalte der Dialoge wurden so bearbeitet, dass sie nicht auf die ursprünglichen Personen hindeuten. Solltest du dennoch Ähnlichkeiten mit realen Personen feststellen, sind diese rein zufällig.

Im Text verwenden wir illustrative Formulierungen und Beispiele, wie zum Beispiel »Was sehe ich mich tun«, oder beschreiben Szenarien, in denen sich jemand als kleines Kind im Spiegel erkennt oder das erste Mal »Ich« sagt. Diese Darstellungen sollen symbolisch verstanden werden und zielen darauf ab, allgemeine menschliche Erfahrungen auf eine möglichst einfache und zugängliche Art zu vermitteln. Wir möchten ausdrücklich betonen, dass wir bei diesen Darstellungen und Beschreibungen selbstverständlich auch all jene miteinschließen, die aufgrund von Einschränkungen bezüglich Sehen, Sprechen, Hören oder anderen in den Beispielen genannten Funktionen differenzierte Erfahrungen machen. Mit der Auswahl der Beispiele soll keine Form menschlicher Erfahrung ausgeschlossen oder negiert werden. Vielmehr zielen sie darauf ab, mit Respekt und Anerkennung gegenüber der Vielfalt menschlicher Lebensrealitäten bestimmte Gedanken und Konzepte zu vermitteln. Unser Ziel ist es, eine inklusive Erzählweise zu pflegen, die alle Leser*innen willkommen heißt und wertschätzt.

Wir möchten dich mit diesem Buch direkt erreichen und dein Herz berühren. Bei den Schwebedialogen dreht sich alles um das *Erleben*. Deshalb geht es uns hier vor allem darum, was du beim Lesen konkret fühlst und *erlebst*. Unsere Bitte an dich: Mache beim Lesen immer mal wieder eine Pause, um alles wirken zu lassen. Fühle in dich hinein und beobachte, was in dir vorgeht, körperlich und emotional. Wir arbeiten auch bewusst mit häufigen Wiederholungen. Da wir uns intensiv mit gängigen Konventionen auseinandersetzen, ist es wichtig, bestimmte Dinge öfter zu wiederholen.

Bevor du Schwebedialoge anwendest, ist es unbedingt nötig, dass du den folgenden Haftungsausschluss aufmerksam liest und verstehst. Bereitstellung und Nutzung unserer Methode erfolgen unter der ausdrücklichen Voraussetzung, dass du den gesamten Inhalt dieses Haftungsausschlusses akzeptierst.

Eignung und Anwendungsbereich

Zum Zeitpunkt der Veröffentlichung ist die im Buch dargestellte Methode der Schwebedialoge neu. Sie wurde in den Bereichen Psychotherapie und Psychiatrie noch nicht eingesetzt, erprobt oder validiert. Die Autoren, der Verlag und alle an der Herausgabe dieses Buches Beteiligten übernehmen keine Haftung für die Anwendung der Methode in diesen oder ähnlichen Fachgebieten.

Das Format ist nicht als Ersatz für professionelle medizinische, therapeutische oder psychiatrische Beratung, Behandlung oder Pflege gedacht und sollte auch nicht als solcher missverstanden werden. Bei spezifischen Anwendungserfahrungen freuen wir uns über eine Rückmeldung an feedback@schwebedialog.com.

Auszuschließende Inhalte und Umstände

Die Methode der Schwebedialoge zielt darauf ab, einen sicheren Raum zu schaffen, der positive und inspirierende Gedanken unterstützt. Jeglicher Bezug zu Gewalt, in welchem Kontext auch immer, ob gegen andere oder gegen sich selbst gerichtet, sowie Themen wie psychische Störungen, Traumata, Dissoziationen, Depersonalisation, Halluzinationen und Ähnliches sind grundsätzlich keine Themen für Schwebedialoge. Inhalte dieser Art sollten nicht in der entspannten Atmosphäre eines Schwebedialogs besprochen werden. Das Format ist für solche Themen ausdrücklich nicht vorgesehen. Sollten entsprechende Inhalte zur Sprache kommen, ist es zwingend erforderlich, den Schwebedialog sofort abzubrechen und professionelle Hilfe in Anspruch zu nehmen beziehungsweise die betroffene Person dazu zu ermutigen. Eine Fortführung der Methode unter diesen Umständen ist strikt untersagt. Schwebedialoge sind keine Therapieform und eignen sich nicht zur Bewältigung ernsthafter emotionaler, psychischer oder physischer Probleme. Die Gesundheit und Sicherheit aller Beteiligten hat oberste Priorität.

Durch die Nutzung der in diesem Buch beschriebenen Methode erkennst du an, dass sie bestimmten Einschränkungen unterliegt und nicht für alle Personen oder in allen Situationen geeignet ist. Du erklärst dich damit einverstanden, dass die Verwendung des Formats auf eigene Gefahr erfolgt und dass die Autoren, Herausgeber und Verleger keinerlei Haftung für direkte oder indirekte Schäden übernehmen, die aus der Anwendung oder Missinterpretation der Methode resultieren könnten.